珊珊護理師的
低醣烘焙

餅乾、蛋糕、麵包，
45道網路人氣食譜

「酮話-護理師料理廚房」
郭錦珊 ／著

林俐岑 營養師
食譜營養成分計算

目錄 Content

逃脫高醣食物的惡性循環
進入低醣飲食的健康世界

　　「什麼是最健康的飲食？」一直是我很有興趣研究的內容。在醫院，看到太多病人受到慢性病的折磨，或者更確切的說，看到太多人已經習慣和慢性病共處。有趣的是，如果我看到一位年長者沒有高血壓或是糖尿病，反而會覺得他（她）不大正常呢！

　　尤其是糖尿病，可以說是百病的源頭。但是否隨著年紀增長，我們勢必都會得到這些疾病呢？是否有其他的方法，讓我們不用每個月到醫院報到，不用三餐與藥丸共處呢？我發現了，就是「低醣飲食」。

克服醣類誘惑，提升效率與專注度

　　現代人的飲食，往往攝取了超過身體能夠代謝醣類的分量而不自知。高醣飲食會造成身體的慢性發炎、劇烈波動的血糖與胰島素、注意力無法集中及肥胖等問題。更糟的是，我們的身體因為糖類帶來的愉悅感而陷於其中、無法逃脫這個惡性循環，慢慢的我們已經將這種飲食視為正常。

　　在查了許多相關的研究與閱讀了一些書籍之後，我沒有猶豫的直接將原本自以為健康的高醣飲食改為低醣飲食，把餐盤中大部分的澱粉類及精緻糖類拿掉後，我的精神明顯的改善了！比較不會覺得疲累，工作效率與專注力也大大的提升。我覺得這個過程中最困難的部分是如何把糖/醣從

生活中排除，因為它們在我們的生活中無所不在，而且戒掉的過程中，其實和戒煙一樣會有戒斷症狀。

珊珊老師的烘焙食譜，陪我安心度過戒醣過程

　　錦珊老師的食譜書在這個過程中幫了我非常大的忙，讓我在戒醣過程中可以安心吃自己想吃的食物。健康的飲食在大眾眼裡往往比較沒有那麼美味，製作上又比一般料理複雜。但是錦珊老師的食譜完全翻轉了這個觀念。對我而言，健康的飲食，是必須能夠讓人持之以恆的飲食。真心推薦錦珊老師的新書，以及她在低醣飲食方面的貢獻！

台中慈濟醫院醫師　李思賢

美食、健康兼顧的
低醣烘焙

在一次營養會議的場合中，認識了本書的作者錦珊，繼而閱讀了《護理師的無麵粉低醣烘培廚房》這本創作。發現全書中的美食，皆以低醣理念來選擇適當的食材烘製成點心，對於現代人的過度精緻飲食，尤其是在醣類的攝取比例過高的情況下，提供了另一項更健康的選擇。

從營養學的角度，均衡的三餐是主要健康的源頭，但在三餐外如何可以同時享受美食又保有健康，對現代人而言，是一個無可避免的課題。本書提供了三餐以外，無健康負擔的料理食譜，對於許多想保有健康或已面臨糖分攝取過度而造成健康問題的民眾而言，將是最佳的選擇。

社團法人桃園市營養師公會理事長 杜世文

擁抱低醣飲食
突破減重瓶頸

在繁重的醫療工作之餘，我從2011年開始接觸鐵人三項耐力活動，持續的運動讓身材維持精實，但是卻消除不掉邁入中年的鮪魚肚。2018年初，我改變以往的高碳水精緻飲食，經過幾個月的低醣飲食，減少了5公斤的腹部脂肪。

享受低醣烘焙，與餓沒有距離

行醫過程中，治療了許多致命的急重症患者，發現大部分患者都是與慢性疾病、代謝症候群息息相關，而根源就是來自錯誤的生活習慣。

低醣飲食讓我走進廚房，開始低醣烘焙，錦珊老師的第一本著作《護理師的無麵粉低醣烘焙廚房》就是我執行低醣飲食的入門書，深入淺出的食譜讓新手輕鬆依照步驟完成，也激發我開始創作自己的低醣餐桌。

血糖波動過大會增加糖尿病的併發症，低醣烘焙最棒的就是享受美食的同時，也沒有血糖不穩定的問題，因此在第二本的食譜書中，我也擔任試吃與血糖測試的工作。書中的低醣烘焙適合糖尿病患者與低醣飲食者使用，讓每個人都可以健康地享用美味烘焙，讓我們與餓沒有距離。

光田綜合醫院急診部主治醫師 林榮良

推薦文 4

低醣高脂並不可怕

　　我先生說我一輩子都在減肥。這是真的，我一直在減肥，但不管再怎麼節食和限制熱量，下半身永遠是完美的梨形。七年前生完孩子，體態便呈現大嬸狀態，即使已經吃素四年，體脂仍高達30%！

　　就在此時，有同事分享生酮飲食，我才赫然驚覺醣類會導致血脂升高和脂肪細胞肥大，而天然油脂卻可以刺激體脂肪分解！然而吃油不是會塞住心臟嗎？（怎麼醫師的想法和一般民眾一樣簡單？）我查遍醫學期刊，卻發現天然油脂包括飽和脂肪酸並不會造成心血管疾病，甚至還可以保護腦血管！

進行生酮飲食，讓我的體脂肪、膽固醇都降低了

　　於是我開始了生酮之旅，三個月內體型大幅改善，體脂肪降到22%，關節痛、牙齦出血、下午的腦霧也隨體重消失不見。

　　實施生酮飲食的這三年，我也將低醣飲食介紹給病人。身為心臟科醫師，每天面對眾多三高的病患，我從建議病患「少油少鹽，一天五蔬果」轉變為「早上要吃兩個蛋。多吃肉、飯半碗、少水果、沒有麵，要吃好油。」許多患者訝異我的改變，願意嘗試的病患，血壓、血糖、血脂肪都獲得了改善。

　　對於心臟衰竭的病患，除了藥物外，我也要求病患嚴格控制醣類攝取，以免體內水分滯留。這三年來我從不覺得低醣生酮飲食和現代醫學有

所違和，反而是正確的飲食配合藥物，對於疾病的治療，更能相輔相成。我也開了臉書專頁，衛教病友了解低醣飲食並不危險。

血糖不振盪！讓大人小孩都能安心吃的低醣烘焙

一年前錦珊帶著她的第一本著作、一盒蛋塔和小餅乾來找我，我們一見如故，相談甚歡！原本是護理師的錦珊不只研發出了低醣烘培，還出了《護理師的無麵粉低醣烘培廚房》一書，並在網路上開店了！

剛好孩子生日，錦珊的低醣點心讓女兒和來訪的同學歡喜不已，而深為媽媽的我也不用擔心精製糖導致蛀牙和血糖的大幅振盪！更開心的是，錦珊的「酮話」廚房沒多久後也在我們中國醫藥大學附設醫院旁開張！對於糖癮強的病友，我會請他們到「酮話」找錦珊聊聊，買一些好吃卻不會大幅增加血糖的小點心回家，這些低醣點心，吃了會飽，不會產生對糖過多的渴望，在轉變飲食的過程中，減輕了不少戒糖的阻力！

如今錦珊第二本書《珊珊護理師的低醣烘培》也問世了！這本書介紹大家如何以低醣的概念烘焙出蛋糕、麵包和餅乾！沒有氫化植物油（植物性奶油）、沒有精緻糖、沒有麩質，卻一樣能豐富我們的味蕾（我有試吃過）！

這些美妙的生酮糕點彌補了低醣生酮飲食的枯燥，點綴了節慶與派對！誰說生酮飲食者沒有社交呢？有了這些低醣蛋糕，我們一樣擁有健康又彩色的人生！

中國醫藥大學附設醫院心臟內科醫師　陳恬恩

錦珊的低醣烘焙
讓低醣飲食能輕鬆執行並堅持

　　近來低醣飲食蔚為風潮，不過多數人苦於技術上的執行不易，加上低醣飲食需要不斷克服味蕾的甜蜜記憶，執行途中還容易常常產生「頭昏昏」和「心慌慌」的茫然感，因而最終豎起白旗，忘了初衷。

　　人的一生總是必須經歷「看山是山，看山不是山，看山還是山」的歷程，相信您一定希望縮短這段痛苦艱辛的歷程。但是，這一段修行必須有人帶領，而本書就是讓您快速回到「看山還是山」的最佳選擇。

　　錦珊老師數年來的努力和教育推廣，無非讓實施低醣飲食的信仰者找到堅持下去的火熱力量，也讓每個曾經數度徘徊「要與不要」的低醣飲食實踐者，看到遠際的彩虹；更衷心期盼眾多尚未進到低醣飲食的觀望者，也能因為這本書，義無反顧地跟我們一起手牽手，走向低醣飲食的健康大道。

　　誠摯地推薦這本讓您堅持不悔，回到初心的好書！

「愛食物・樂廚藝」知識長
中華低醣飲食文化推廣協會　常務理事
長庚科技大學保健營養系　副教授

蕭千祐

低醣烘焙甜點
解決我在高壓工作中能源補充的難題

　　餅乾蛋糕等甜點，含有高醣，吃了會產生多巴胺，撫慰我們的心靈。但高醣甜點會引起血管慢性發炎，增加自由基，加速細胞老化凋零；高醣甜點會引起血糖振盪過劇，影響學習情緒；高醣甜點會產生過量之糖化終端產物，損害末梢神經；高醣甜點更會引致胰臟分泌高濃度胰島素，而高胰島素血症則是癌症及心血管疾病之元凶之一。

　　錦珊護理師的低醣烘焙甜點及時出現，解決我在高壓工作環境中能源補充的難題，使我既能滿足味蕾的需求，又能使血糖維持在平穩的曲線上，不必擔心胰島素濃度暴衝。

　　低醣餅乾、蛋糕及麵包，對於學生之學習情緒、想控制體重者、糖胖症者、追求健康養生者及糖尿病患者（含前期），具有無比之重要性。錦珊此次又將其絕頂美味巧手低醣烘焙技術公諸於眾，嘉惠眾生，欣喜之餘，特為之薦。

法學博士律師　羅明通

推廣限醣飲食的日本名醫跨海推薦

　　興起於日本的限醣飲食，是在1999年首次由江部康二醫師的親哥哥，也就是江部洋一郎醫師，於日本高雄醫院針對糖尿病患者進行限醣飲食臨床實驗而促成開端。

　　在美國曾有研究提出：「舊石器時代的飲食習慣，為唯一符合人類遺傳特性的理想飲食習慣」，於是美國科羅拉多州立大學的Loren Cordain教授，便根據這項理論推出了《舊石器時代飲食法》（直譯「The Paleo Diet」）一書。後來在長壽基因的研究熱潮當中，大家開始關注身體在運用限醣後形成的脂肪酸時，所產生的酮體不但具抗氧化效果，還能成為大腦的能量，因此原本屬於小兒癲癇食療法的生酮飲食（增加酮體的飲食方式），才會逐漸備受矚目。

　　我和白澤卓二博士於2011年發現，身心健康者採行限醣飲食後，不但能治療並預防代謝症候群，此外當血液中的酮體增加後，還能增強抗氧化能力，進而延緩老化。只不過研究也發現，必須確保蛋白質攝取量，否則恐有害健康，於是提出了適合身心健康者的生酮飲食草案，建議大家「以適量攝取蛋白質為前提，實行限醣飲食以增加血中酮體」，且於2013年成立「日本功能性飲食協會」（Japan Functional Diet Association），並展開啟蒙活動。

郭錦珊護理師在台灣為實踐限醣飲食的指標人物之一，也積極參與我們在台灣舉辦的教育課程。十分熱衷研究，而且由她所設計的食譜非常優異，貼近台灣人的飲食文化。我相信這本書對於台灣實行限醣飲食的人來說，十分具參考價值。

Ryozo Saito, M.D.

日本機能性醫學研究所所長　齋藤糧三

齋藤糧三　醫師／日本機能性醫學研究所所長。

　　出生於1973年。身為提出更年期障礙女性應使用睪酮、自律神經調整療法先驅之齋藤信彥醫學博士的三男。1998年自日本醫科大學畢業後，成為婦產科醫生。日後提出合併美容皮膚科治療、營養療法、點滴療法、賀爾蒙療法的全方位抗老化理論。

　　2008年為推動「機能性醫學」的普及與研究，成立了「日本機能性醫學研究所（於2009年法人化）。2013年提出「用飲食維護日本人健康」之口號，與白澤卓二博士共同成立「日本功能性飲食協會」「Japan Functional Diet Association」，並擔任副理事長一職。同年成為「NAGUMO診所東京」抗老化機能性門診外聘主任醫師。2016年擔任日本唯一使用Soara α的全身溫熱治療設施，「THERMOCELL CLINIC」院長一職（//thermo-cc.com），此外還在「Genesis Healthcare」擔任機能性門診外聘主治醫師。2017年，為推動超級食物草飼牛之普及，開設了日本首家草飼牛專賣店「Saito Farm」。

　　於台灣的出版著作有《讓體脂肪及癌細胞消失的生酮飲食》、《大口吃肉，一周瘦5公斤的生酮飲食》（采實文化）。其他著作及監修書籍包括《衝浪客不會得花粉症》（直譯：サーファーに花粉症はいない）（小學館）、《如何靠「機能性醫學」完全根治慢性病》（直譯：慢性病を根本から治す「機能性医学」の考え方）（光文社新書）、《五十大超級食物的營養素、功效、美味品嚐方式大辭典》（直譯：養素、効能、おいしい食べ方がわかるスーパーフード 典BEST50）（主婦之友　實用No.1系列／監修書籍）、《罹癌後不做哪些事與做了哪些事》（直譯：がんになって、止めたこと、やったこと）（主婦之友社／監修書籍）等眾多作品。

低醣烘焙不是可有可無的存在
而是能傳遞幸福與健康的好滋味

自從2016年開始，了解飲食對身體的影響後，我便著手改變自己的飲食習慣，而身邊的家人、老公、孩子也一起跟著我吃低醣飲食，孩子還小，就從教他分辨什麼是原形食物、什麼是加工品開始。每天的餐盤都是滿滿的菜、肉、魚、蛋等好的根莖類，開始走入了低醣世界。

無麩質烘焙不等於低醣烘焙

在改變飲食的同時也不想捨棄一些日常喜愛的料理，為了保有心愛美食並兼顧健康選擇，我開始研究低醣烘焙並自己動手製作。有些人會以為無麩質蛋糕因為不含麵粉，所以等同於低醣蛋糕，但是其實大多的無麩質蛋糕是以蓬萊米粉等材料取代麵粉，碳水含量仍然較高，並不符合低醣飲食。

傳統烘焙的口感，是來自於麥製品的筋性與發酵，所以許多市面上的「低醣烘焙」，為了追求口感，還是會添加穀物、黃豆粉、小麥蛋白（很多人以為它是蛋白質，其實它是由大量的麥麩、蛋白質及澱粉所組成）等等，這些物質的醣類較高，剛好可以幫助發酵，加上小麥蛋白的筋性，可以讓口感更好。

對於這樣的做法我是不能認同的，因為許多正在進行低醣飲食的人，大多數是為了改善身體的健康狀況，但是吃了這些所謂的「低醣烘焙」，卻對健康完全沒有幫助。

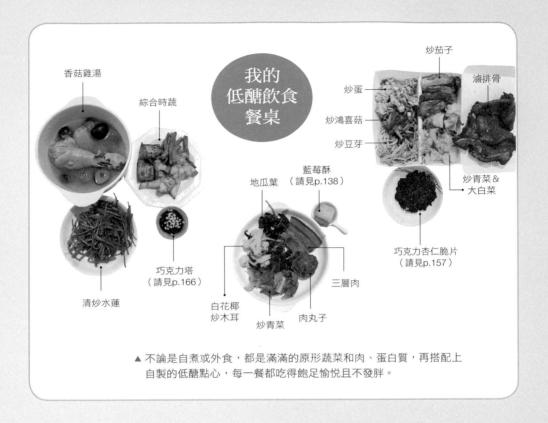

香菇雞湯

綜合時蔬

我的
低醣飲食
餐桌

炒茄子

滷排骨

炒蛋

炒鴻喜菇

炒豆芽

藍莓酥
（請見p.138）

地瓜葉

炒青菜＆
大白菜

巧克力杏仁脆片
（請見p.157）

巧克力塔
（請見p.166）

三層肉

清炒水蓮

白花椰
炒木耳

炒青菜

肉丸子

▲ 不論是自煮或外食，都是滿滿的原形蔬菜和肉、蛋白質，再搭配上
自製的低醣點心，每一餐都吃得飽足愉悅且不發胖。

　　而什麼是我們可以放心食用的低醣烘焙點心呢？就是使用低GI、低
GL、高膳食纖維製成的烘焙品。這些烘焙的粉材來自於馬卡龍杏仁粉、
椰子細粉、黃金亞麻仁籽粉、洋車前子粉等堅果或種子磨成的粉類，由這
些健康的粉材製作而成，創造出美妙又好吃的低醣點心。雖然研發製作起
來費工費時，但是為了健康，是我必須堅持的。

堅持自己的低醣信念

　　創立「酮話」已經2年了，很多人會問我為什麼可以這麼堅定這項信
念，畢竟烘焙點心不像是一般料理，是每天都需要吃的「必需品」，比起
一日三餐的主食料理，烘焙點心似乎是可有可無的存在。

不過我知道並非如此，因為絕大多數人開始執行低醣飲食後，也許可以戒掉米飯麵食，卻戒不掉麵包餅乾等零食，尤其大多數的女生，更是沒辦法捨棄對甜點的依賴。高醣食物對一般健康者而言，也許吃了不會立即有不適症狀，但是對於很多患有糖尿病、癲癇的大人或小孩，卻是碰不得的危險食物。我想這就是我為什麼堅持在低醣烘焙這條路上的原因：我想做出讓大家可以安心吃的點心。

持續研發讓大家感到幸福的甜點

這本書利用低醣食材，教大家製作出熟悉的西式點心，像是餅乾、蛋糕、巧克力等等，還有相當具台灣味的藍莓酥、牛軋糖、偽黑糖糕等等，都是為了一解我對點心的相思之苦所研發出來的，如果大家也能因為吃到這些點心而感到幸福，那麼我的一點小小辛苦也就值得了。

謝謝正在閱讀這本書的你，想跟大家說，在低醣飲食的路上，你們並不孤單，我會持續創作，將這份幸福感延續下去。

▲ 謝謝許多單位的信任與邀請，讓我有機會可以跟更多人分享與示範低醣烘焙。

▲ 執行低醣生酮飲食後，我的身型一直維持　　▲ 因為低醣飲食，認識了許多同樣理念的好朋友。
　 在理想狀態，精神也很好。

▲ 生完兩胎後，身材一直回不去，整個人也很沒有精神、常常覺得疲累不已。

如何帶領家人
一同走進低醣世界？

在推廣低醣飲食的過程中，很多人會問我，他們知道醣/糖的不好，也在進行醣質限制，但想帶領家人一起執行時，卻發現窒礙難行。而我是如何說服患有糖尿病的父母，以及教育自己的小孩減少對醣/糖的依賴呢？

漸進式改變，戒掉糖癮

要捨離心愛的食物是多麼糾葛的一段過程，因為它們早已成為生活中的一部分，每天都會用到、碰到。因此，要捨棄以前愛吃的垃圾食物和NG食品，我們必須循序漸進，放慢步伐，避免日後心理的大反撲、爆食，無法克制的慾念，反而傷身又傷心。

改變飲食不容易，吃了幾十年的東西要突然戒掉，一定會有過度時期，所以不要過度強求，循序漸近的改變，才不會造成反效果。下面幾個戒糖階段，提供給大家參考。

1、建立低醣好觀念

讓家人、小孩瞭解好的食材及不好的食材會對身體帶來不同的變化。

今天吃了什麼食物進去，身體就會反映各種情形；好的食物會讓身體感受到清爽舒服的狀態。吃了讓自己過敏發炎的食物，身體就會一直處於慢性發炎、痠痛、疲勞、精神不濟等情形。

▲ 偶爾會帶著兩個小孩一起做低醣點心，　　▲ 我做的低醣點心，兩個小孩都很喜歡吃。
他們也樂在其中。

當我們學會如何分辨食材、了解自身營養需求，就會開始懂得選擇我們需要的食物。在菜盤上增加我們認識的原型食物，例如：雞腿排、各類綠色青菜等等。唯有想法改變了、觀念認同了，才能將低醣生活落實於生活中。

2、不要一次戒斷，先從減量開始

我家小孩從小就很少吃零食和含糖飲料，以前最常出現的應該就是「多多」和「有糖豆漿」。我採取減量作法，本來喝一瓶，下次喝半瓶、再接下來喝1/3，剛開始他們還會帶著稚嫩的撒嬌聲央求要再喝，但慢慢地跟他們說，他們是可以接受的。

現在的他們大多喝水，偶爾喝無糖豆漿或無糖優酪乳，已經非常適應。原生家庭給予的環境會造就孩子的習慣與價值觀的養成，慶幸在孩子還小時，我已開始改變舊有的飲食方式，慢慢帶領他們建立少醣飲食。

3、維持平穩的心情，身心並重

過度飲食心理學談到，當人生只剩下吃是唯一的慰藉，就會以吃來當作情緒宣洩的窗口，以吃當作獎賞的方式也是容易造成過度飲食的因素。

不要一開始就全部斷除原本的高醣食物，而是「慢慢少吃」，讓身與心都漸漸習慣遠離食物，直到完全戒除。調整好心態慢慢戒斷，度過戒斷期的不適，不但有助於降低自身罪惡感，還會幫助自己建立健康飲食的好心態。

掌握四重點，輕鬆執行低醣飲食

　　低醣飲食及生酮飲食的話題都在蔓延，關於健康議題一直是大家所關心的。我相信每種飲食法都有他的立基點或某些效果，但是國人存在太多「亞健康」及「慢性病的患者」，很多人問我，他們正在執行改變飲食，為何沒有期待中的效果？

　　通常我會建議大家要有以下四點認知，如果沒有做好這四點認知，再棒的飲食法也無法幫助你：

1.你了解你自己目前的身體健康狀況嗎？

2.對於欲執行的新飲食是否已經有做足功課並了解原理機轉呢？

3.當自己是亞健康或慢性疾病患者時，是否已經具有相關配套對策？

4.你是否已經充分了解並懂得分辨在你身邊的所有食材或食物？

　　不管執行任何飲食法前，就算你已經充分了解它了，但是你也必須再花時間去了解自己身體的現狀，例如亞健康或身體疾病，很多人正處於亞健康的狀態而不自知，然後聽到可以減肥就很興奮的開始，連身體檢查都不願意去做，更遑論一大堆功課，加上認知不足就可能會導致出現許多不良反應，而「偏食」所產生的問題是最常見的情況，也算是比較輕微的不良反應。

　　當你開始時是否必須確定自己都已經準備好了？那該如何循序漸進的開始呢？戒糖、減少精製澱粉攝取、減少食用加工食品、使用好油脂、優質蛋白質、大量攝取蔬菜營養素，這些是讓身體健康的大方向。

⑦〔Point 1〕認識食物分類

　　認識營養資訊，有基本知識後，可以幫助順利執行健康飲食，落實在每一餐裡也會輕鬆許多，即使外食時也不用擔心囉！依據衛福部資料，將食物分成以下六大類，知道每種食材分別屬於哪一類，將有助於執行飲食計劃。

1. 全穀雜糧類

主要提供熱量。未精製全穀雜糧類中含有各種維
生素、礦物質和膳食纖維，而這些營養素常於精
製加工過程大量流失。屬於此類別的有：米飯、全麥麵包、全麥饅頭及
其他全麥製品、燕麥、小米、藜麥、甘藷、馬鈴薯、芋頭等。

2. 豆魚蛋肉類

主要提供蛋白質。蛋黃中也含有脂肪、膽固
醇、豐富的維生素 A、維生素 B1、B2 和鐵、磷
等礦物。肉質顏色越紅的肉中鐵質含量較多，
利用率也較好，需要補充鐵質者可適量選擇。例如：豆腐、豆皮、素
肉、各種魚、蝦、貝類、甲殼類、各種家禽的蛋等。

3. 乳品類

主要提供鈣質，且含有優質蛋白質、乳糖、脂肪、多種維
生素、礦物質等。包括鮮乳、優酪乳、優格、各式乳酪
（起司）等。

4. 蔬菜類

主要提供維生素、礦物質、膳食纖維，以及植化
素。蔬菜的顏色越深綠或深黃，含有的維生素 A、
C 及礦物質鐵、鈣也越多。包括菠菜、高麗菜、大白菜、花椰菜、胡蘿
蔔、青椒、茄子、冬瓜、絲瓜、苦瓜、小黃瓜、四季豆、菇類等。

5. 水果類

主要提供維生素，尤其是維生素C。水果外皮
含有豐富的膳食纖維，具有預防便祕、腸癌、
腦血管疾病等功能。包括木瓜、鳳梨、芭樂、番茄、葡萄、香蕉、橘
子、西瓜、草莓、葡萄乾等等。

6. 油脂與堅果種子類

油脂與堅果種子類食物含有豐富脂肪，除提供部
分熱量和必需脂肪酸以外，有些還提供脂溶性維
生素E。包括橄欖油、苦茶油、花生、瓜子、葵瓜
子、芝麻、腰果、杏仁、核桃、夏威夷豆等。

> 資料來源：行政院衛生署食品藥物管理局

☑〔Point 2〕避免高GI食物

「GI」（Glycemic index的簡稱），中文名稱為「升糖指數」，代表我
們吃進的食物，造成血糖上升速度快慢的數值。而「低GI」這個觀念最
早用在糖尿病飲食中。國外研究指出，吃較多的高GI食物（如精緻的澱
粉類食物，白飯、糯米飯、白吐司或白麵包等），會加速血糖上升，容
易引起飢餓感而誘發食慾，增加進食量，並促進食物代謝，大量產生脂
肪，增加人體血液或細胞中脂肪的堆積。

升糖負擔（GL值）的營養定義為：GL＝GI／100 × 食物所含醣類的含
量（克數）。升糖負擔越高的食物，食用後越容易使血糖升高。

☑〔Point 3〕學會看營養標示

買東西除了看有效期限外，更重要的是要看營養成分標示，這是認識食
材重要的環節，你會發現原來市面上許多食物中含有高碳水化合物（醣
質），不知不覺就成了高醣飲食的生活型態。

醣類計算**3**步驟

❶ 先看成分

❷ 再找醣類

淨碳水化合物＝
總碳水化合物－膳食纖維

❸ 計算份數

裸麥麵包

成份：全麥麵粉、裸麥粉、黑麥雜糧粉
洋車前子粉、水、雞蛋、酵母

營 養 標 示	
每一份量	100公克
本包裝含	2.5份
	每100公克
熱量	281.2大卡
蛋白質	10.5公克
脂肪	9.4公克
飽和脂肪	3.3公克
反式脂肪	0.2公克
碳水化合物	72.5公克
糖	2.8公克
纖維	2公克
納	389公克

「成分」的顯示，
是按照添加量的多
寡，由左至右按順
序排列的。如圖
示，成分表的前面
三名大部分為主成
分，它的碳水化合
物含量來自於全麥
麵粉、裸麥粉、黑
麥雜糧粉。

✅〔Point 4〕為什麼有些食物的碳水不高，卻會造成升糖？

按照衛服部的資料來源
顯示，草莓每100公克的
碳水量為9.3，數值並不
高，但其碳水主要成分
為葡萄糖、果糖，所以
會在短時間之內造成血
糖上升。

衛生福利部──
食品營養成分資料庫（新版）：
https://consumer.fda.gov.tw/
Food/TFND.aspx?nodeID=178

▲ 輸入欲查詢的食物名稱。

▲ 草莓每100g的碳水量為9.3。

幫糖尿病女兒
找到可以安心吃的甜點

Cindy阿姨與Joy小公主

我家的小公主在2018年10月發現得了第一型糖尿病,從那時起必須每天測量血糖、注射胰島素,還要控制飲食的量及食物種類。對於一個7歲的孩子來說,其實很辛苦!身為家長的我們,除了心疼以外,有的是更多的擔心⋯⋯這個可以吃嗎?吃這個會不會讓血糖飆高?吃這樣會不會不夠?

除了配合醫院的治療方式,我還能為她做什麼?在網路上搜尋資料時,看到了錦姍老師的《護理師的無麵粉低醣烘焙廚房》,試閱內容後馬上下訂,我跟孩子都很興奮,原來還有這種無負擔的點心,重點是我們還可以自己動手做!

收到書以後,我跟孩子一起買材料、一起備料,照著老師書上的步驟,真的很簡單就可以完成!後來除了放入烤箱的步驟以外,我幾乎都讓孩子自己動手,我們一起做了巧克力餐包、餅乾、Pizza,過程中她很開心,完成後也非常有成就感!

每天除了正餐以外,孩子會吃低醣點心,滿足她的口腹之欲;偶爾發懶時就會到《酮話》訂購點心,塞滿冷凍庫XD。

孩子發病到現在已經超過半年了,糖化血色素從12降到5.8,我們很感謝第一型糖尿病為我們帶來更正確的飲食觀念。得到糖尿病請不要尋求偏方治療,聽從醫生指示、營養均衡飲食、持續運動,保持良好生活習慣,每天心中充滿愛,每個人都能健康又快樂喔!

▲ 讓小孩也著迷的低醣烘焙。

為癲癇的兒子
開始製作低醣生酮點心

Vivian

　　一開始會接觸生酮飲食，是因為兒子發燒，病毒入侵到腦誘發癲癇，必須依靠藥物和生酮飲食來控制。所以我們吃的油脂、蛋白質、碳水的攝取量都要有嚴格的比例控制才行，因此我們必須斤斤計較他吃下的每個食物，初期連代糖也是禁止的。可以想見，我們完全無法吃外面的任何食物。

　　不擅廚藝的我，在這時候為了兒子的飲食，開始接觸了低醣飲食和烘焙，家裡的飲食全部都跟著做了改變。我學會看食物成分及營養標示，並攝取天然食材。持續一段時間，感覺身體變好、味覺變靈敏。這才發現原來我以前的飲食多是加工、精緻化、高碳水的食物，蒙蔽我真正嚐食物的味道。

　　我訝異現在食品科技的發達所帶給我們的文明病，同時苦惱外面販售的食物多為高碳水加工食品。身為上班族的我，沒有太多時間準備，於是開始尋找有沒有天然低醣的食品，結果接觸到錦珊老師的食譜書，並得知「酮話」，也知道老師常會舉辦低醣飲食分享教學，所以就跑去參加。

　　老師的食譜多為天然低醣又簡單的材料，做出來的口感和一般印象的味道卻極為接近又好吃。雖然我們因為極高的生酮比例，免不了要再減醣，或額外再搭配油脂一起吃，但已能過濾掉很多高碳又加入添加物的食物。看著小孩一口接一口，吃得開心又健康，我想那是身為父母的快樂。非常謝謝老師這麼用心的製作每一道食物和食譜，我們才能在低醣的世界裡享受美味的食物。也希望大家能在醫生與營養師的建議下，依自身的狀況，體驗低醣飲食所帶來的改變。

術後遇見珊珊的低醣烘焙 展開第二人生

黃健予

　　心臟移植手術後第974天。身體機能大部分恢復運轉，體重卻直線上升，不甘心再重蹈人生覆轍，決心戒糖、低碳、戒澱粉，實行第二人生的健康計劃。

　　講歸講，在台灣這個美食環境，要拒絕誘惑，還要找到對的食物、吃對方法，絕對不容易；尤其這麼多的網路誤區，假消息滿天飛。起初花了很長的時間適應，甚至嘗試了不少錯誤的方法，造成體重爆降，膽固醇卻嚴重上升的失衡狀態，這些不理性的飲食習慣開始反應出搖搖欲墜的生理狀態，有一天我終於得求救了！

　　第一次遇見Cindy（錦珊）老師是在一個朋友的教室，Cindy剛好出第一本書上台北來做宣傳。因為她的護理師背景，不經意攀談幾句，才發現這個小個子女生有著成熟不世故的好脾氣，但舉手投足卻又不經意透著靦腆卻堅毅的態度，讓人頓生好感。

　　第二次見面是Cindy上台北採訪長庚的醫師，為了宣傳她的理念，Cindy跑遍全台灣拜訪願意與她見面的醫師，這段期間，我見識到這個天蠍座的女孩，刻苦下的水磨功夫，此時的好感度早已昇華為佩服。

　　由於我的飲食營養失調，長期過猶不及，身體缺乏蛋白質、礦物質，容易出現抽筋、脫水現象，每每都能從Cindy身上得到專業、即時的回饋與建議，才能在熬過手術後的復原階段，依然保持體態與健康。套句時下流行的廣告用語：「我不是Cindy的代言人，我是見證人，見證Cindy一路走來的用心，也見證她一路帶給我的健康與關心！」時值Cindy第二本書的出版，特以此見證，獻上我最衷心的感謝與祝福。

執行生酮飲食
改善多囊性卵巢症候群

李佳欣

自從青春期開始有月經後，我的經期就沒有規律過，一直以來我也不以為意，因為經期不來我也樂得輕鬆，但後來3～5個月都不見經期的出現，甚至遺忘上一次經期是什麼時候，我才開始覺得好像要去關心一下自己的身體。

看過好多位醫生，檢查後醫生都回答說是多囊性卵巢症候群，會有毛多、懷孕機率低、肥胖的問題，當時年紀小沒有多胖的困擾，也就不在意了。後來出社會後，不管怎麼少吃、吃水煮食物，都一路胖，我身高155公分，卻胖到62公斤。沒自信、不開心，多囊性卵巢造成的肥胖問題開始困擾我。

一開始接觸到生酮飲食，是被網路上說的減重效果所吸引。做了許多功課後，在2017年7月開始執行生酮飲食，真的很有效果，半年瘦了10公斤！更神奇的是月經在開始執行生酮飲食的第三個月出現了！以前甚至要就醫拿藥，經期才會來，而在之後的每個月，經期都會出現！一則以喜（身體健康了），一則以憂（經期每個月都來其實很麻煩）。

身邊的朋友們看見我變瘦，已經很訝異了，知道我經期規律出現，更是驚訝！我也笑著開玩笑說：「每個月都來很煩耶！又要花很多錢在衛生用品上。」心裡是開心的，因為這代表身體因為飲食而更健康了！此後都以生酮、低醣飲食維持習慣，不再回去高醣飲食了！

後來認識了酮話，認識了錦珊老師，能開心吃甜點又不怕胖，更能維持健康身體，是一舉多得的開心事！謝謝老師為了健康用心研發了許多烘焙甜點。

跟著珊珊老師的步驟
低醣烘焙一點都不難

周宏蒼

「哈囉，我是Cindy珊珊，想邀請您寫新書推薦序」，LINE上面彈出老師的訊息，距離上次和老師見面已經相隔3個多月了。

跟錦珊老師第一次見面是在2019年初，在老師台中工作室的一場低醣烘焙聚會。那次聚會，從蕭千佑教授分享關於鈣的資訊，到老師帶領大家進行低醣烘焙實作和試吃，從大家的表情，我感受到每個人都度過了一個愉快又知性的下午！

我記得當天吃到的是低醣核桃夾心蛋糕，每一口都是滿滿的幸福。我更記得當天老師講的一句話：「我希望讓糖尿病的爸爸也能吃到甜點」。我平常做菜用的蔥薑蒜突然跑到工作室來，讓我的眼眶差點失守！老師的想法正是我接觸低醣烘焙的初衷：「希望做出兒子女兒也愛吃的健康甜點。」

從2006年領到人生第一筆充滿赤字的健康檢查報告，到2014年必須開刀拿掉超過4公分的甲狀腺腫瘤，我的身體正式跟我打了一個大大的X。2018年在我的貴人，我的前同事，也是「酮好」創辦人撒景賢的幫助下，我開始接觸低醣生酮。

低碳低醣讓我的身體變好，但我更在意的是讀國小的兒子女兒如何也能一起享受到這好處。低醣烘焙讓我有機會和他們更緊密，一起吃到美味又健康的點心。低醣烘焙真的沒有想像中的困難，跟著錦珊老師的食譜書一步一步做，你也做的出來。不想做的時候就手刀跟老師訂購，讓全家一起享受低醣烘焙帶來的所有好處！

讓大人小孩不再
嘴饞難熬的低醣點心

宣宣

　　剛開始接觸低醣飲食，是因為健身後體脂肪停滯，再怎麼努力運動、努力遵從教練飲食分量指示，不吃三餐以外的零食，脂肪還是很難下降，後來研讀飲食書籍後，發現「糖」是關鍵，而「糖」不只是限制精製糖而已，主食中的澱粉類更是默默囤積肥胖的元兇。進行低醣之後，體脂肪數據下降，中度脂肪肝也一併消失。

　　曾為護理人員的我，在遇到有關健康問題時，會希望除了醫療的選擇以外，可以找出真正的問題點，以自然的方式去調養。我的小孩深受異位性皮膚炎困擾，很多書籍皆建議異位性皮膚炎減少糖分攝取，以降低身體發炎反應。所以我便決心連小孩也一起跟著我低醣飲食，就算疾病無法因為飲食根治，但至少對他們未來的健康方向絕對是正確的。

　　然而，飲食改變對小孩來說很困難，把以前常吃的餅乾、麵包突然抽掉，是要吃什麼呢？小孩們唉唉叫，我自己嘴饞也是很難熬，除了身體健康，心靈滿足也是要顧及啊！於是我開始尋找低醣烘焙相關訊息，第一次吃到某家低醣點心時完全無法下嚥，一度對低醣烘焙心生恐懼，後來看到錦珊老師的烘焙書籍，買了核桃酥來吃吃看，一吃驚為天人，其他麵包、餅乾小孩的接受度也很高，巧克力系列我吃起來完全無罪惡感。

　　一看到錦珊老師有開教學課程立馬報名，課堂中不只學習烘焙，也請醫師及營養師上課，用專業的角度支持低醣飲食，學員們也互相分享低醣過程中的問題及解決方法。感謝錦珊老師用正確的低醣知識、優質的材料來源、簡單的烘焙方式，引導大家走出健康的飲食型態。

案例分享 7

低醣烘焙，讓糖友一解甜點相思

張國城

　　檢查罹患糖尿病後，為了維持血糖數值，我開始著手改變自己的飲食習慣。為了盡量避免吃到會影響血糖的食物，我接觸了低醣飲食。然而一開始並不順利，因為餐點種類的不同，令我感到不習慣，十分思念甜點。上網搜尋後找到了「酮話」，品嘗甜點、測試血糖後發現數值波動不大，竟然可以放心食用。

　　經由低醣飲食的調整，加上跑步與重訓，讓我的體重在三個月後從68kg降為59kg。執行低醣飲食後身體的負擔比較沒那麼大。低醣飲食不止適合生病的人吃，一般人也可以嘗試低醣飲食。但若有瘦身需求，也要配合運動，那也是很重要的一環。

案例分享 8

低醣生酮飲食半年瘦22公斤

曾百慶

　　一直有體重過重的困擾，雖然想減肥但一直停留在「想」的階段，直到有朋友建議我試試生酮飲食。因為自己念的是生物相關科系，所以開始研究，這時發現我的學姊（錦珊老師）也在執行低醣生酮飲食，於是便私訊請教她。

　　執行生酮飲食期間，偶爾會以學姊的低醣吐司做料理，也從一個不進廚房的人，到成為自己的五星大廚。經過半年，我的體重從原本的95公斤降至73公斤，不僅身體感受輕盈、穿衣服變得好看，體檢數字改善許多、膝蓋負擔也變小了。

　　我的家族中，父親跟大伯都有糖尿病史，讓我特別注意自己的健康狀況，而錦珊學姊不僅推動低醣飲食，還研發出多款不會造成血糖大幅振盪、讓糖尿病患者也能安心吃的點心，這樣無私的分享，期望能造福更多人！

▲ 進行低醣生酮飲食後，半年瘦下22公斤。

遇見錦珊著作
讓枯燥的限醣生活多了美麗色彩

建一

我是第二型糖尿病患，確診之後開始從網路上找了一堆糖尿病的食療法，身體漸漸恢復正常，糖化血色素也壓在正常值的範圍內。去年，家母被檢測出有高血糖的問題，因此也依循我的調理模式進行食療。然而這樣的限醣生活卻很難持續下去。

為此，我找到標榜健康的連鎖麵包店，選擇無糖又是全麥麵粉製作的麵包來滿足口腹之欲。而且我也找了含代糖的甜食，讓家母可以食用，但依舊是不能吃多，因為血糖還是會超標。而且不是天然的代糖，吃了反而會對腎臟造成負擔。

在偶然一次逛書店的當中，發現錦珊老師的烘焙書，書封面上的「無麵粉、低醣」字眼很吸引我，而書裡面每道食譜底下的血糖機數值更是讓我很心動，再加上烘焙一直是我很想嘗試的領域，於是就把錦珊老師的食譜書買了回去，並照著書上的介紹購買材料，開始了我的無麵粉低醣烘焙之旅。

每個假日，就是我做麵包的日子，從一開始的成品常常容易因太乾或太焦而烤不好，到現在可以自由變換不同食材到餐點裡，真的讓我覺得很有成就感。除此之外，不管是土司、蛋糕、餅乾，我的家人都很捧場，連我外甥也愛吃我做的蛋糕。更重要的是，血糖真的不會飆高，可以安心食用。

恭喜錦珊老師出第二本食譜書，我相信這對有糖尿病的我們是一個新的開始，期待每一位使用這本書的人都能更加健康，也讓枯燥的限醣生活多些美麗的色彩。

▲ 跟著錦珊老師的食譜，做出的低醣土司。

Chapter One

材料&工具

製作烘焙點心需要什麼工具？
低醣點心的材料與一般點心有何不同？
動手做之前，
先準備好工具、掌握材料的特性，
是成功的第一步。

材料介紹

製作低醣點心應該使用什麼材料？
該如何挑選？以下一一說明。

粉類材料

◆ 杏仁粉

在不使用麵粉的狀態下，如何製作出美味的低醣甜點呢？杏仁粉不含麩質、淨碳水化合物含量低、具膳食纖維，絕對是最佳的替代粉材。許多人可能會誤以為杏仁粉就是印象中帶有獨特濃郁香氣的杏仁茶，其實這是兩種不同的杏仁種類，烘焙杏仁粉是美國甜杏仁，而帶有獨特味道的則是南北杏仁。

杏仁粉又分成烘焙杏仁粉和帶皮杏仁粉兩種，各有優缺點。烘焙杏仁粉（Almond Flour）較好取得，可至一般烘焙材料店購買馬卡龍專用杏仁粉即可；而帶皮杏仁粉（Nature Almond Flour）的膳食纖維更高，不過目前台灣較少店家販售，可上網訂購。

◆ 椰子細粉

本書食譜中，椰子細粉也經常與杏仁粉搭配使用。椰子粉是將椰子果肉進行脫水研磨而成的粉狀材料，質輕、吸水力強的特性，加上富含膳食纖維、蛋白質、好脂肪，很適合取代麵粉作為烘焙材料。

◆ 黃金亞麻仁籽粉

亞麻仁籽近年來在全球相當受到注目，是超級穀物（Super Grain）之一，擁有高纖維、豐富的Omega-3脂肪酸，不含麩質成分、碳水化合物含量低等特性，很適合作為低醣甜點的原料。

亞麻仁籽有很多顏色與品種，其中以黃金亞麻仁籽磨成的粉材較適合作為烘焙材料，做出來的成品口感與風味較佳。

❖ 洋車前子粉

「洋車前」是一種草本植物，大多產於印度。含有豐富的膳食纖維，可幫助腸道蠕動。洋車前子粉有很好的吸水能力，可為粉類材料帶來黏性、幫助成團，可彌補低醣甜點沒有麵粉、缺乏筋性的缺點。因具吸水性，食用具有洋車前子粉的低醣甜點時，一定要搭配大量的水喔！

❖ 奇亞籽粉

奇亞籽和亞麻仁籽一樣是「超級穀物」的成員之一，含有豐富的膳食纖維與Omega-3脂肪酸。乾燥時和一般種子無異，但一泡水後就會膨脹並產生膠質，口感類似台灣的山粉圓，可為無麵粉的低醣甜點增加黏性。

❖ 乳清蛋白粉

乳清蛋白可提供高質量的蛋白質，補充人體肌肉生長的必需氨基酸，是許多運動員或健身者會特別補充的營養品。

❖ 無鋁泡打粉

書中少數甜點會添加少許的泡打粉，讓口感更好。不管選擇何種品牌，最重要的是一定要選擇「無鋁泡打粉」，較為安心。

❖ 寒天粉

寒天粉為從藻類細胞中萃取製成的粉類材料。除了富含原有的營養與植物纖維外，也能增加飽足感，在鹹食和甜點中均可使用。市面上販售的寒天大致上又分為寒天條與寒天粉，可依製作的料理與個人習慣選擇偏愛的寒天種類。

▌油品▐

❖ 冷壓初榨橄欖油

橄欖油是最常見的食用油品之一，屬於植物油的一種，由於地中海型氣候適合橄欖的生長，

故許多橄欖油多產自該區域的國家。雖然都是從橄欖壓榨而成，但因原物料的品項與國家而有成分上的不同，可依個人需求選擇種類，建議購買標示冷壓初榨的橄欖油。

◆ 苦茶油

苦茶油是許多家庭主婦和烹飪者會使用到的油類，經常被拿來和橄欖油比較，無論哪一種油均富含營養成分。通常為冷壓和熱壓兩種萃取方式，市售的苦茶油種類非常多，品質也參差不齊，建議選用通過認證的大品牌較為安心。

◆ 椰子油

椰子油經由新鮮的椰肉冷榨而來，因溫度的不同而呈現液態與固態狀。許多熱帶國家皆有出產，食用起來有自然清新的椰香，且素食者亦可食用，受到許多人的喜愛。

◆ 印加果油

印加果的外型像星星，所以又叫做星星果（Sacha Inchi）。印加

果油主要由「不飽和脂肪酸」、維生素A、維生素E組成，其不飽和脂肪酸以Omega脂肪酸為主，Omega3、6、9三種不飽和脂肪酸高達92%以上，其中，Omega-3含量更高達48.6%，被喻為最符合人體所需的油脂。本書是用於製作「打拋豬披薩」（請見192頁）

◆ 榛果油

榛果油無論煎、炒、煮、炸皆可使用。本書是用於製作「榛果巧克力醬」（請見212頁），增添榛果香氣。

◆ 紫蘇油

紫蘇油經由紫蘇籽萃取而成，口感清爽，富含營養，加入適量紫蘇油對身體有益，可直接食用一小湯匙、加入飲品滴入涼拌菜或沙拉，素食者亦可使用此項材料增添料理的紫蘇香氣。用於製作「大阪燒」（請見186頁）。

▌糖＆鹽▐

◆ 赤藻糖醇

赤藻糖醇是目前低醣生酮點心中應用最普遍的代糖，其甜度是一般蔗糖的60～80％左右，每公克熱量大約只有0.2大卡（一般砂糖是4大卡）。

赤藻糖醇所含的99.9％碳水化合物都會迅速被小腸吸收，並由尿液排出體外，不需經代謝分解，不易造成血糖起伏，不在體內蓄積，糖尿病友也可以安心食用。本書的材料標示中有「赤藻糖醇」與「赤藻糖粉」，兩者為相同材料，差別在顆粒大小的不同，像是作為蛋糕表面裝飾時，以赤藻糖粉更為合適。

◆ 羅漢果糖

羅漢果是產於中國的植物，俗稱「神仙果」，大家最為熟悉的是運用在中藥裡，將果實入藥。從羅漢果中抽取出來的甜味素，有著二號砂糖的色澤及香氣，但無熱量、不易造成血糖起伏，糖尿病友也可安心食用，很適合用於低醣甜點。

▲ 此類型的羅漢果糖帶有二砂糖的顏色與香氣。

▲ 此類的羅漢果糖為透明的結晶顆粒，同樣帶有二砂糖的香氣。

◆ 玫瑰鹽

玫瑰鹽蘊含豐富的礦物質，帶有獨特的甘鹹味。而玫瑰鹽中帶有淡粉色及深色顆粒來自於60多種微量礦物質，

包含了碘、鈉、鐵、鎂等物質。無論先加入材料中調味或烹飪好後灑於表面都十分適合。

▌奶油＆乳酪▐

◆ 鮮奶油

選用優質的鮮奶油，作為蛋糕的裝飾或內餡都非常的美味，打發後還能帶來輕盈綿密的口感。一定要選用動物性鮮奶油喔！

◆ 酸奶油

富含豐富乳脂，能提升香氣，有助於烘烤時彈性的提升（發酵過的乳脂，其風味層次更為豐富），使蛋糕體烤色與孔洞更為漂亮。

◆ 椰奶

椰奶來自成熟的椰子，從椰肉中榨取出來的乳白色液體，是一種植物奶，香味濃郁。

◆ 無鹽奶油

選用質地好、發酵香氣濃厚的草飼奶油，做出來的烘焙成品絕對非常棒！

◆ 奶油乳酪

有濃郁的奶香味和微酸的口感，製作乳酪蛋糕時常用此當基底。食譜中的蛋糕有使用到的奶油乳酪皆是不含蔗糖，烘焙的成品可帶出不同於一般蛋糕體的香氣與口感。

◆ 馬斯卡彭乳酪

說到製作提拉米蘇，許多人都會選用馬斯卡彭乳酪，這項顏色接近象牙白的材料是製作甜點時的重要素材之一，蛋糕類、果醬等食品皆可使用此元素，而許多烹飪者也會將其加進義大利麵、貝果等鹹食中。

◆ 帕馬森起司粉

將帕馬森起司粉直接撒在烘焙品表面或是拌入其中，都能因它濃郁的香氣為成品增色。

◆ 雙色起司

經常平鋪在料理或烘焙品表面，烘烤後會呈現金黃帶點深色色澤，帶來濃郁香氣和些許的牽絲效果。

◆ 巧達起司片

巧達起司是常見的起司種類之一，直接食用味道十分香濃，鋪在料理上烘烤可帶來不同層次的風味。

◆ 莫札瑞拉乳酪絲

會牽絲的起司或乳酪種類繁多，其中莫札瑞拉乳酪絲因有濃稠的牽絲效果，而被廣泛運用在料理和烘焙品中，可直接食用或加入料理中烘烤皆可，加熱後可呈現拉絲的效果。

◆ 抹茶粉

抹茶粉可直接撒於蛋糕表面裝飾用，或拌入麵糰中烘烤，作為提味混色之用。此書中所有的抹茶烘焙均會使用此項材料，因加入量的多寡，會影響成品的風味及色澤。

┃ 增添風味的材料 ┃

◆ 無糖可可粉

可可粉是製作巧克力類料理重要的材料之一，也是巧克力味道的來源。通常市面上販售的可可粉分為含糖可可粉和無糖可可粉，無糖可可粉為淺棕色，少了額外添加糖類的可可粉更接近原味！

◆ 乾蔥末

為新鮮的蔥段經由乾燥後製成的蔥片，可直接加入材料中烘焙。易保存、方便攜帶，又保有蔥的味道，在不方便採買或保存蔥段時，是個省時省力的好幫手。

◆ 義式香料

義式香料混合多種乾燥的辛香料，加一點點即能提味，經常用於鹹食類料理中。

◆ 可可膏

100%純天然可可膏，無添加任何調味，富含維生素、黃酮、抗氧化物和礦物質，特別是含有大量的可可聚多酚（CMP），而可可脂當中的油酸可降低心臟病風險。純天然可可膏具苦味，要斟酌使用量。

◆ 杏仁片

杏仁片口感薄脆，具有易碎的特性，因原物料杏仁品種與產地而有味道上的差異。常用於杏仁餅乾、杏仁瓦片、杏仁蛋糕等，鹹食和甜點均可使用。

◆ 杏仁角

市面上巧克力或蛋糕上白色小顆粒不少為杏仁角，該材料為將杏仁切磨成顆粒狀大小後使用，因料理的不同決定用量的多寡。

◆ 核桃碎

核桃碎為將完整的核桃，打碎成細小的顆粒狀。常使用於甜點類料理，作為表面點綴或內部餡料食材之一。保存時須注意溫度與濕度，避免油耗味或發霉等情況。

◆ 夏威夷豆

夏威夷豆有許多品種，在澳洲及印尼等國皆有產出。常與其他堅果搭配食用，可依個人喜好調味，或加入烘焙中做為裝飾或內餡顆粒口感的使用。

◆ 鹹蛋黃

鹹蛋黃是台灣常見材料之一，使用雞蛋或鴨蛋以高濃度鹽水醃製後而成。在傳統料理中十分常見，切碎放入青菜或肉品中拌炒、中秋月餅的內餡、端午節的粽子等，都少不了鹹蛋黃。此書把鹹蛋黃融入餅乾與蛋糕中，一品美好的鹹香滋味。

◆ 純核桃醬

核桃因香氣適宜、口感酥脆與可增強記憶等因素受到許多人喜愛，將核桃醬直接抹於麵包中作為早餐、倒入飲品中攪拌或加入糕點中做為內餡的調味，都是常見的使用方式。

◆ 檸檬

檸檬營養價值高，富含豐富的維生素C，舉凡亞洲、南亞和歐美等均有種植檸檬。因品種與產地的不同，皮的薄厚、顏色、形狀大小都有差異。加在烘焙品或醬料中，可帶來酸味及清香的風味。

白酒醋

白酒醋由白葡萄釀造而成，無碳水的特性，對於添加風味而言，是很好的選擇。可加入沙拉中或滴入麵條食用，若混合其他醬料做為火鍋沾醬，可以增添一股酸香清爽的風味。

工具介紹

擁有以下大大小小的工具，可幫助在製作過程中更為順利。
如果是烘焙新手，可以斟酌選擇部分工具。

▌測量工具▌

◆ 烤箱溫度計

可以確認烤箱內溫度是否足夠，配合食譜的溫度確保料理成功機率。

◆ 溫度槍

溫度槍利用紅外線的原理，讓烹飪者不須接觸食物，即可測量溫度，簡易操作又安全，是常見的測量溫度工具。

◆ 計時器

許多料理在製作時都需注意時間，使用計時器可以準確的計算每次冷凍或烘烤的時間。

◆ 電子秤

食譜內的粉類計算都以公克數為單位，建議選用可以計算到0.1公克的電子秤較為準確。秤重時要扣除容器重量，先將容器放上電子秤，按下歸零或重新啟動，就可以將欲秤重的食材放入。

▌攪拌工具▌

◆ 手持打蛋器

手持打蛋器可用來均勻混和材料，粉類或液態都可以。

◆ 電動打蛋器

適合用於混合液態材料，使用電動打蛋器較為輕鬆，可打發蛋白、鮮奶油或奶油。

◆ 調理棒

調理棒操作起來十分
方便，具有將食材快
速攪拌均勻等功能。

◆ 鋼盆

盛裝攪拌乾性材料、濕性材料時
需分開。建議至少需準備三個不
鏽鋼鋼盆，使用起來較為方便。

◆ 打粉機

打粉機可快速將食材
磨成細碎狀。粉狀的
食材拌入其他材料
後，口感更細膩，可
用於打赤藻糖粉或巧
克力榛果醬。

▎輔助工具 ▎

◆ 分蛋器

分離蛋黃蛋白時非常好用的工具
喔！可以選用圖中類似款式，
蛋黃比較不容易逃跑。

◆ 矽膠刮刀

選擇可耐高溫的矽膠刮刀，
可以用來拌勻麵糊或刮除鋼
盆中剩餘麵糊。

◆ 抹刀

在製作蛋糕時，可使用此
工具抹平鮮奶油或
其他需要裝飾
的地方。

◆ 蛋黃刷

大多用於成品表面刷上蛋
黃液、糖霜，或在模型裡
刷上奶油等等，通常為耐
高溫的矽膠材質。

◆ 擀麵棍

主要是將麵糰、麵皮擀成適當厚
薄之用，通常為木製，
使用後必須洗淨並
乾燥保存。

◆ 過篩網

篩網可以用來過濾粉類、液態材料或糊狀材料中較大的顆粒。可可粉或糖粉過篩後可用於裝飾料理表面,而食譜中的粉類材料過篩後,做出來的成品口感會更為細緻喔!

◆ 擠花袋

用來輔助需要大量擠入內餡的鮮奶油或醬料,使用後務必翻面清洗乾淨,晾乾再收放保存。

◆ 保鮮膜

在食材暫時不需使用時,以保鮮膜包覆隔絕空氣,保留食材最大程度的味道。在麵糰塑形時,亦可將其包覆揉捏形狀。

◆ 擠花嘴

花嘴的孔洞形狀決定奶油等內容物擠出來的造型。可依自己的喜好選擇擠花嘴的圖案,在料理表面做各種裝飾。

▌各式模具 ▐

◆ 6吋活動圓模

圓形的模具底部可移動,倒入麵糊烘烤完成後,可由下而上移動模具底部,方便蛋糕脫模。

〔製作成品請見〕p.91粉紅櫻花乳酪蛋糕、p.96奶蓋抹茶輕乳酪、p.106鹹蛋黃煙燻乳酪蛋糕、p.128抹茶乳酪蛋糕、p.154藍莓克拉芙緹。

◆ 正方形不沾模

模具尺寸為8.5吋深烤盤。

〔製作成品請見〕p.118古早味起司海綿蛋糕、p.122摩卡巧克力蛋糕

◆ 磅蛋糕不沾模

模具尺寸為15×6.7×6.6公分。由於模具較深,可將麵糰與餡料交錯倒入,製作成具餡料的烘焙成品。

〔製作成品請見〕p.114核桃磅蛋糕、p.179超簡單奶油土司

◆ 餅乾烤模

餅乾烤模的形狀多變,將麵糰擀平至一定厚度後,壓下餅乾烤模定型,烘烤成想要的造型。

〔製作成品請見〕p.60起司小餅、p.63檸檬餅乾。

◆ 藍莓酥模

使用模具:3×5公分,高1.5公分。此模具用來製作藍莓酥,由於麵糰用手不易塑形,塞進模具後可以成為完整且一致的方形,方便之後加入各種餡料。

〔製作成品請見〕p.138藍莓酥

◆ 正方形慕斯模

麵糰做好時不易塑型,有了模具的輔助,麵糰就可以快速變成完整的方形囉!

〔製作成品請見〕p.132乳酪金沙磚、p.163巧克力牛軋糖

◆ 派塔模

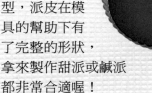

圓形底加上鋸齒狀的邊緣外型,派皮在模具的幫助下有了完整的形狀,拿來製作甜派或鹹派都非常合適喔!

〔製作成品請見〕p.182法式鮭魚蘆筍鹹派

◆ 方形耐熱玻璃容器

將麵糰倒入玻璃器皿後,可直接放入電鍋蒸熟。

〔製作成品請見〕p.160偽黑糖糕

◆ 奶酪杯

將奶酪糊倒入杯中後，放入冰箱冷藏即可呈現圓形狀的奶酪。尺寸小巧方便小朋友食用。

〔製作成品請見〕p.142眼球奶酪杯

◆ 杯子蛋糕紙模

可選擇適合的大小尺寸，製作成小巧的杯子蛋糕。

〔製作成品請見〕p.78奶油糖霜杯子蛋糕、p.82巧克力杯子蛋糕

◆ 各式造型矽膠模

選擇可耐低溫、高溫的矽膠材質，易凹折又方便清洗，可倒入巧克力、果汁、鮮奶等材料，方便塑型、製作造型點心。

〔製作成品請見〕
p.170蔓越莓油磚
p.172生巧克力

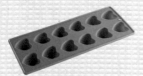

〔製作成品請見〕
p.147可可碎巧克力

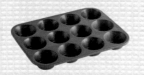

〔製作成品請見〕
p.78奶油糖霜杯子蛋糕、
p.82巧克力杯子蛋糕

◆ 圓形鋁杯

鋁杯是烘焙中常見的塑型工具之一，舉凡麵包店的蛋塔或各式麵包小點常使用此模具製作，倒入麵糰後連同鋁杯一起放入烤箱烘烤就會成形囉！

〔製作成品請見〕p.166巧克力塔

〔製作成品請見〕
p.142眼球奶酪杯

▌烘焙工具 ▌

◆ 烘焙紙

可鋪在烤模上或模型內，
防止沾黏。

◆ 鋁箔紙

可保護食材不直接加熱，讓熱度
均勻的傳導至食材中。鋪在烘焙
品表面，可防止食材過度上色。

◆ 蛋糕測試棒

插入蛋糕測試棒至烘
焙品中，可確認是否
已烤熟。細長的桿
子，插入後拔出不
影響成品外觀，
十分方便。

◆ 隔熱手套

在料理烘烤完
成時，使用隔
熱手套取出烘
焙品，保護雙
手避免燙傷。

Chapter Two

好吃餅乾

簡單的步驟就能做出
各種造型可愛、口感酥香的餅乾。
即使是烘焙新手，
也能做出成功率100％的
好吃餅乾。

巧克力夾心餅乾

巧克力夾心餅乾是許多人兒時的美好回憶。
我和弟弟從小到大都超愛吃各式巧克力夾心餅乾，
所以特別研發出這一款無奶蛋的配方。
脆脆的餅乾夾著香濃的奶油餡，真的是大大滿足。
搭配牛奶、優格或是黑咖啡、英式無糖紅茶，都是一種享受。

每一份（約40g）

淨碳水化合物	2.8 g
碳水化合物	4.4 g
膳食纖維	1.6 g
蛋白質	4 g
脂肪	33 g
熱量	325.4 kcal

成分檢視			適合飲食法			血糖測試 OK
	無麩質	♛		低碳/低醣	♛	
	無乳製品	♛		生酮	♛	
	無雞蛋	♛		根治	♛	
	無精緻糖	♛		低GI	♛	

測試人：盧威廷
職　業：醫師
年　齡：27歲

＊空腹狀態與食用100g一小時後的血糖值，相差12mg/dL，此個案測試結果血糖振盪幅度小。
＊此為個案血糖實測結果，數據僅供參考。

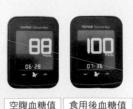

空腹血糖值	食用後血糖值
88mg/ dL	100mg/ dL

![材料] **材料**

總克數：320g
製作分量：約8個

餅乾體

＊杏仁粉	100g
＊無糖可可粉	20g
＊碎堅果	20g
＊無鹽奶油	30g
＊赤藻糖粉	45g

夾心內餡

＊無鹽奶油	200g
＊赤藻糖粉	60g
＊香草精	4g
＊椰漿	30g

![作法] **作法**

A 製作餅乾

1　先將烤箱以上火160℃、下火150℃預熱。

2　將奶油放於室溫軟化，直至手指可以輕易壓下。

3　把所有「餅乾體」材料放入鋼盆，再用手捏勻成團狀。

4　將餅乾糰用保鮮膜整成圓柱形，放入冰箱冷凍1小時。

- -

Tips 如果不好塑型，可以使用圓筒狀物品輔助，若手邊沒有適合工具，也可以直接以手塑型，製作出不規則的形狀，也可凸顯手工的美感喔！

- -

5　從冰箱取出，切成厚度約0.5公分的片狀。

6 放入烤箱，以上火160℃、下火150℃烘烤10分鐘後，將烤盤以水平旋轉180°再烘烤3分鐘。

Tips 由於餅乾貼附於烤盤，所以要注意下火的溫度及時間喔！

7 烤好後取出置涼。

B 製作夾心內餡

8 將軟化後的奶油和赤藻糖粉用手持打蛋器打到泛白蓬鬆。

9 加入椰漿和香草精持續打到呈乳霜狀，再裝入擠花袋。

C 組合

10 將內餡擠到餅乾上，再疊上另一片餅乾即完成。

Tips 內餡也可以隨自己喜好變換。

11 烤好取出後置涼就可以吃囉！

珊珊老師的小叮嚀

1 將製作好的巧克力夾心餅乾放入冰箱冷凍15分鐘再食用，風味最佳。

2 烘焙成品無添加防腐劑，若吃不完建議先放於密封袋再放入冰箱，冷藏約可保存2天，冷凍約可保存2週，需盡快食用完畢。

3 從冰箱取出後置於室溫，待回溫即可享用。

⊸ 原味軟餅 ⊶

簡單的風味，就很迷人。
不管是給牙牙學語的小小孩當作小點心，
還是作為大人的下午茶點都很適合。
可以搭配果醬或是各式茶類一同品嘗，
為生活帶來小小的美味幸福。

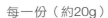

每一份（約20g）

淨碳水化合物	0.9 g
碳水化合物	2.4 g
膳食纖維	1.5 g
蛋白質	2.5 g
脂肪	8.4 g
熱量	93.4 kcal

成分檢視	無麩質 ♛	適合飲食法	低碳/低醣 ♛	血糖測試 OK
	無乳製品 ♛		生酮 ♛	
	無雞蛋 ♛		根治 ♛	
	無精緻糖 ♛		低GI ♛	

測試人：楊曉純
職　業：護理師
年　齡：40歲

＊空腹狀態與食用100g一小時後的血糖值，相差1mg/dL，此個案測試結果血糖振盪幅度小。
＊此為個案血糖實測結果，數據僅供參考。

空腹血糖值	食用後血糖值
82mg/ dL	81mg/ dL

材料		
＊杏仁粉		140g
＊椰子細粉		30g
＊全蛋		1顆
＊無鹽奶油		60g
＊赤藻糖醇		40g
＊香草精		4g

總克數：320g
製作分量：約16片

作法

1　先將烤箱以上火170℃、下火150℃預熱。

2　將奶油放於室溫軟化，直到手指可以輕易壓下。

- -

Tips 切記一定要使用於室溫軟化的奶油喔！

- -

3　將粉類材料（杏仁粉、椰子細粉）倒入鋼盆，以手持打蛋器混合均勻備用。

4　取另一個鋼盆，加入全蛋、赤藻糖醇和香草精，以手持打蛋器稍微攪拌。

5　加入混合好的粉類材料和軟化的奶油，用手捏勻。

6　將步驟5的麵糰分切成每顆20g的大小，並搓揉成球體。

7　以手掌將球體壓平。

8　放入烤箱，以上火170℃、下火150℃烘烤10分鐘後，烤盤以水平旋轉180°再烘烤8分鐘，或餅乾周圍有些上色即可出爐。

9　烤好取出後置涼就可以吃囉！

COOKIES RECIPE
·03·
～ 堅果軟餅 ～

想讓軟餅多點不同風味嗎？加點堅果吧！
以濃淡適宜的原味軟餅為基底，
帶著淡淡杏仁香與堅果相融，便成了堅果軟餅，
無論下午茶或野餐外出都可以帶上這道百搭的可口點心。

每一份（約20g）

淨碳水化合物	1.1 g
碳水化合物	2.8 g
膳食纖維	1.8 g
蛋白質	3 g
脂肪	10.5 g
熱量	115 kcal

成分檢視	無麩質	♛	適合飲食法	低碳/低醣	♛	血糖測試 OK
	無乳製品			生酮	♛	
	無雞蛋			根治	♛	
	無精緻糖	♛		低GI	♛	

測試人：林佳慧
職　業：護理師
年　齡：38歲

＊空腹狀態與食用100g一小時後的血糖值，相差1mg/dL，此個案測試結果血糖振盪幅度小。
＊此為個案血糖實測結果，數據僅供參考。

空腹血糖值	食用後血糖值
80mg/dL	81mg/dL

材料		
*杏仁粉		140g
*椰子細粉		30g
*全蛋		1顆
*無鹽奶油		60g
*赤藻糖醇		40g
*香草精		4g
*碎堅果		50g

總克數：320g
製作分量：約16片

作法

1 先將烤箱以上火170℃、下火150℃預熱。

2 將奶油放在室溫軟化，直到手指可以輕易壓下。

3 將粉類材料（杏仁粉、椰子細粉）倒入鋼盆，以手持打蛋器混合均勻備用。

4 取另一鋼盆，加入全蛋、赤藻糖醇和香草精，用手持打蛋器攪打均勻。

5 加入混合好的粉類材料、軟化的奶油和碎堅果，用手捏勻。

6 將步驟5的麵糰分切成每顆20g的大小，並搓揉成球體。

7 以手掌將球體壓平。

8 放入烤箱，以上火170℃、下火150℃烘烤10分鐘後，將烤盤以水平旋轉180°再烘烤8分鐘，或餅乾周圍有些上色即可出爐。

9 烤好取出後置涼就可以吃囉！

1 烘焙成品無添加防腐劑，若吃不完建議先放於密封袋再放入冰箱，冷藏約可保存2天，冷凍約可保存2週，需盡快食用完畢。

2 冷藏取出後可直接食用，不需加熱。

起司小餅

這款小餅的口感介於餅乾體跟麵包體中間，
加上鹹香的滋味，深受許多長輩的喜愛。
加入帕馬森起司粉、莫札瑞拉乳酪絲，
帶來起司的濃郁香氣。

每一份（約10g）

淨碳水化合物	0.2 g
碳水化合物	0.6 g
膳食纖維	0.4 g
蛋白質	2.6 g
脂肪	3.8 g
熱量	46.1 kcal

成分檢視	無麩質 ♛	適合飲食法	低碳/低醣 ♛	血糖測試 OK
	無乳製品		生酮 ♛	
	無雞蛋		根治 ♛	
	無精緻糖 ♛		低GI ♛	

測試人：劉怡倩
職　業：護理師
年　齡：36歲

※空腹狀態與食用100g一小時後的血糖值，相差16mg/dL，此個案測試結果血糖振盪幅度小。
※此為個案血糖實測結果，數據僅供參考。

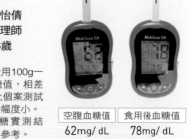

空腹血糖值	食用後血糖值
62mg/ dL	78mg/ dL

材料

＊杏仁粉		85g
＊帕馬森起司粉		20g
＊無鋁泡打粉		4g
＊玫瑰鹽		1g
＊莫札瑞拉乳酪絲		140g
＊奶油乳酪		30g

總克數：280g
製作分量：約25片
使用模具：餅乾烤模

作法

1 先將烤箱以上下火180℃預熱。

2 將杏仁粉、帕馬森起司粉、無鋁泡打粉和玫瑰鹽放入鋼盆，以手持打蛋器攪拌混合。

3 將莫札瑞拉乳酪絲與奶油乳酪加熱融化。

4 將步驟2的粉類材料加入步驟3的乳酪中，用手捏成團，如果會黏手，可戴上食品用手套。

Tips 趁麵團還有餘溫時會較容易塑型。

----

5 用擀麵棍將麵糰擀平。

6 將擀平的麵糰以模具壓出形狀。

7 放入烤箱，以180℃烘烤8分鐘後，將烤盤以水平旋轉180°再烘烤5分鐘，或表面呈現金黃即可取出。

8 烤好取出後置涼就可以吃囉！

珊珊老師的小叮嚀

1 烘焙成品無添加防腐劑，做完當下吃最好吃，若要再回烤，會失去風味。若吃不完建議先放於密封袋再放入冰箱，冷藏約可保存2天，冷凍約可保存2週，需盡快食用完畢。

2 冷藏取出後可直接食用，不需加熱。或是放入烤箱，以上下火各70℃烘烤8分鐘，去除多餘水分後食用。

檸檬餅乾

帶著檸檬香氣的點心，
清新又解膩，一直是我很喜歡的風味。
不過要如何在餅乾裡保留天然檸檬的酸與香，
是研發製作的一大挑戰，試做改良了很多次配方，
終於做出這款讓我滿意的風味，請大家也一定要試試看。

每一份（約10g）

淨碳水化合物	0.4 g
碳水化合物	1 g
膳食纖維	0.5 g
蛋白質	1.1 g
脂肪	4.7 g
熱量	49.2 kcal

成分檢視	無麩質	♛	適合飲食法	低碳/低醣	♛	血糖測試 OK
	無乳製品	♛		生酮	♛	
	無雞蛋	♛		根治	♛	
	無精緻糖	♛		低GI	♛	

測試人：徐嘉翊
職　業：律師
年　齡：30歲

＊空腹狀態與食用100g一
小時後的血糖值，相差
8mg/dL，此個案測試
結果血糖振盪幅度小。
＊此為個案血糖實測結
果，數據僅供參考。

空腹血糖值	食用後血糖值
86mg/ dL	94mg/ dL

材料		
＊杏仁粉	100g
＊赤藻糖醇	45g
＊無鹽奶油	50g
＊檸檬汁	15g
＊檸檬	1顆
＊玫瑰鹽	少許

總克數：210g
製作分量：約20片
使用模具：餅乾烤模

作法

1　先將烤箱以上火170℃、下火160℃預熱。

2　將檸檬皮屑磨入鋼盆與赤藻糖醇以手持打蛋器混合。

3　在步驟2的鋼盆中加入軟化的奶油，用電動打蛋器攪打到泛白。

Tips　將奶油放於室溫軟化即可，不能用加熱的方式喔！

4　加入杏仁粉、檸檬汁和玫瑰鹽，以刮刀攪拌均勻。

5　將步驟4的材料鋪在烘焙紙上，以擀麵棍擀平。

6　放入冰箱冷凍30分鐘。

Tips　麵團放於冷凍定型後，較好壓模。

7　以餅乾模型壓出喜歡的形狀。

8　放入烤箱，以上火170℃、下火160℃烘烤10分鐘後，將烤盤以水平旋轉180°再烘烤2分鐘，或餅乾周圍有些上色即可出爐。

9　烤好取出後置涼就可以吃囉！

1 烘焙成品無添加防腐劑，若吃不完建議先放於密封袋再放入冰箱，冷藏約可保存2天，冷凍約可保存2週，需盡快食用完畢。

2 如冷藏取出後，覺得有些變軟，可放入烤箱以上下火各80℃烘烤10分鐘，去除多餘水分，置涼後再享用，口感較佳。

3 如果沒有餅乾模，也可以全部捏成圓形後冷凍1小時，切成一片厚度0.5公分的片狀後再烘烤喔！

COOKIES RECIPE
·06·

苦茶油奇亞籽餅乾

這款餅乾以苦茶油取代了一般常見的奶油。
苦茶油溫潤護胃，富含珍貴微量元素，
再加入被視為「超級食物」的奇亞籽，口感、健康兼具。
奇亞籽為高纖維食物，吃的時候記得多喝水，
能達到潤腸通便的效果。

每一份（約15g）

淨碳水化合物	0.4 g
碳水化合物	1.5 g
膳食纖維	1.1 g
蛋白質	1.7 g
脂肪	4.1 g
熱量	48.5 kcal

成分檢視		適合飲食法		血糖測試 OK
無麩質 ♛		低碳/低醣 ♛		
無乳製品 ♛		生酮 ♛		
無雞蛋		根治 ♛		
無精緻糖 ♛		低GI ♛		

測試人：李佳欣
職　業：行政人員
年　齡：30歲

＊空腹狀態與食用100g一
小時後的血糖值，相差
1mg/dL，此個案測試
結果血糖振盪幅度小。
＊此為個案血糖實測結
果，數據僅供參考。

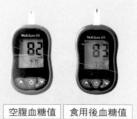

空腹血糖值	食用後血糖值
82mg/ dL	83mg/ dL

材料	
*奇亞籽	30g
*赤藻糖醇	40g
*杏仁粉	60g
*苦茶油	20g
*蛋白	2顆
*玫瑰鹽	適量

總克數：210g
製作分量：約15片

作法

1　將烤箱以上火180℃、下火150℃預熱。

2　取一個鋼盆將全部材料加入，用矽膠刮刀攪拌均勻。

3　將步驟2的麵糰以湯匙分成小團後，再以湯匙底部塑成圓形。

4　在烤盤鋪上烘焙紙，將麵糊均勻平鋪在烘焙紙上。

5　放進已預熱的烤箱，先以上火180℃、下火150℃烘烤10分鐘，再以上下火130℃烘烤3分鐘後，關火悶3分鐘或是餅乾周圍呈現金黃變熱即可出爐。

6　烤好取出後置涼就可以吃囉！

珊珊老師的小叮嚀

1　烘焙成品無添加防腐劑，若吃不完建議先放於密封袋再放入冰箱，冷藏約可保存2天，冷凍約可保存2週，需盡快食用完畢。

2　如冷藏取出後，覺得有些變軟，可放入烤箱以上下火各80℃烘烤8分鐘，去除多餘水分，置涼後再享用，口感較佳。

·07·

鹹蛋黃餅乾

這兒時母親以麵粉做的蛋黃餅乾一直留在記憶中，
憑著對鹹香風味的喜愛，將其改良成低醣版本。
把鹹蛋黃恰到好處的分散在餅乾中，
每一口都可以品嘗到鹹蛋黃的香氣。

每一份（約10g）

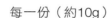

淨碳水化合物	0.4 g
碳水化合物	1 g
膳食纖維	0.6 g
蛋白質	1.5 g
脂肪	5.1 g
熱量	54.4 kcal

成分檢視	無麩質 👑	適合飲食法	低碳/低醣 👑	血糖測試 OK
	無乳製品		生酮 👑	
	無雞蛋 👑		根治 👑	
	無精緻糖 👑		低GI 👑	

測試人：Grace
職　業：上班族
年　齡：25歲

＊空腹狀態與食用100g一
　小時後的血糖值，相差
　16mg/dL，此個案測試
　結果血糖振盪幅度小。
＊此為個案血糖實測結
　果，數據僅供參考。

空腹血糖值	食用後血糖值
80mg/ dL	64mg/ dL

材料		
＊杏仁粉		125g
＊無鹽奶油		50g
＊赤藻糖醇		35g
＊帕馬森起司粉		10g
＊鹹蛋黃		2顆
＊玫瑰鹽		適量

總克數：240g
製作分量：約24片

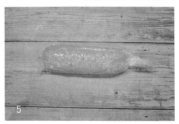

作法

1 將鹹蛋黃蒸熟，以手壓碎。

2 將奶油跟赤藻糖醇加入鋼盆，以電動打蛋器攪打至泛白。再加入壓碎後的鹹蛋黃，用矽膠刮刀攪拌拌勻。

Tips 材料須分次加入，每拌勻好一樣再加入另一樣。

------

3 取另一個鋼盆加入杏仁粉、起司粉和玫瑰鹽，以手持打蛋器攪拌均勻。

4 將步驟2的奶狀材料加入步驟3的粉類材料中，並用矽膠刮刀拌勻成團狀。

5 將麵糰捏成圓柱狀後，放入冰箱冷凍1小時備用。

6 將烤箱以上下火170℃預熱。

7 將餅乾麵糰從冰箱取出，切成一片厚度約0.5公分的片狀，放入烤箱以上下火各170℃烘烤15分鐘，或烤至餅乾周圍上色即可出爐。

8 烤好取出後置涼就可以吃囉！

1 烘焙成品無添加防腐劑，若吃不完建議先放於密封袋再放入冰箱，
　冷藏約可保存2天，冷凍約可保存2週，需盡快食用完畢。

2 如冷藏取出後，覺得有些變軟，可放入烤箱以上下火各80℃烘烤8
　分鐘，去除多餘水分，置涼後再享用，口感較佳。

咖啡胡桃圓餅

大家分得出來胡桃和核桃的差異嗎？
核桃比較大顆，皮的皺褶比較多（貌似人腦），
而胡桃整體較為長扁並且中間有兩道深溝。
比起核桃我更愛胡桃的香氣，一直在想如何將它帶入烘焙品中並突顯其風味，
反覆試做後，創造出這道覆滿胡桃、帶有香醇濃郁的咖啡餅乾。

每一份（約10g）

淨碳水化合物	0.4 g
碳水化合物	1.1 g
膳食纖維	0.6 g
蛋白質	2.7 g
脂肪	4.3 g
熱量	46.5 kcal

成分檢視	無麩質	♔	適合飲食法	低碳/低醣	♔	血糖測試 OK
	無乳製品	♔		生酮		
	無雞蛋			根治	♔	
	無精緻糖	♔		低GI	♔	

測試人：Grace
職　業：上班族
年　齡：25歲

＊空腹狀態與食用100g一小時後的血糖值，相差1mg/dL，此個案測試結果血糖振盪幅度小。
＊此為個案血糖實測結果，數據僅供參考。

空腹血糖值	食用後血糖值
89mg/dL	88mg/dL

材料

總克數：370g
製作分量：約37片

餅乾體

＊杏仁粉	140g
＊核桃粉	40g
＊椰子細粉	20g
＊全蛋	1顆
＊無鹽奶油	60g
＊赤藻糖粉	60g
＊核桃	適量

咖啡液

＊即溶咖啡	5g
＊開水	10g

作法

A 製作咖啡液

1　取一個小碗，將即溶咖啡與開水以筷子攪拌均勻。

B 製作餅乾體

2　先將烤箱以上火170℃、下火160℃預熱。

3　取一個鋼盆，加入在室溫軟化後的奶油與赤藻糖粉，以電動打蛋器打到泛白。

4 加入全蛋以手持打蛋器攪拌均勻後，加入咖啡液，繼續以手持打蛋器攪拌均勻。

5 加入杏仁粉、核桃粉、椰子細粉後，用手捏拌均勻。

6 將麵糰分切成小塊，每份約30g，在中間放上一顆核桃。

Tips 手工餅乾不規則的形狀具有獨一無二的美，若想壓模塑形，可放於冰箱冷凍20分鐘後，較好操作。

----

7 放入烤箱，以上火170℃、下火160℃烘烤15分鐘，或至餅乾周圍上色即可出爐。

8 烤好取出後置涼就可以吃囉！

珊珊老師的小叮嚀

1 烘焙成品無添加防腐劑，若吃不完建議先放於密封袋再放入冰箱，冷藏約可保存2天，冷凍約可保存2週，需盡快食用完畢。

2 從冰箱取出後置於室溫，待回溫即可享用。

Chapter Three

美味蛋糕

讓人驚豔的蛋糕造型，
與一般市售蛋糕無差異的口感，
雖然製作程序較繁複，
但美味程度絕對值得一試。

~ 奶油糖霜杯子蛋糕 ~

小巧可愛的杯子蛋糕，
很適合作為派對、聚餐時款待客人的小點心，
尤其是上面的奶油糖霜滑順不膩口，深受大人小孩喜愛。
也可以在糖霜上面放上一點點莓果，
增加口感、豐富色澤。

每一份（約25g）

淨碳水化合物	1.1 g
碳水化合物	2 g
膳食纖維	0.9 g
蛋白質	2.5 g
脂肪	14.2 g
熱量	144.1 kcal

成分檢視		適合飲食法		血糖測試 OK
	無麩質 ♔		低碳/低醣 ♔	
	無乳製品		生酮 ♔	
	無雞蛋		根治 ♔	
	無精緻糖 ♔		低GI ♔	

測試人：林佳佳
職　業：醫師
年　齡：30歲

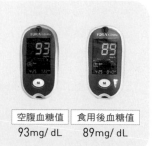

*空腹狀態與食用100g一
小時後的血糖值，相差
4mg/dL，此個案測試
結果血糖振盪幅度小。

*此為個案血糖實測結
果，數據僅供參考。

空腹血糖值	食用後血糖值
93mg/ dL	89mg/ dL

材料

總克數：625g
製作分量：25個
使用模具：杯子蛋糕紙模、矽膠膜

蛋糕體

＊杏仁粉	110g
＊椰子細粉	30g
＊無鋁泡打粉	4g
＊玫瑰鹽	1g
＊全蛋	4顆
＊鮮奶油	130g
＊無鹽奶油	60g
＊赤藻糖醇	50g
＊酸奶油	30g
＊香草精	4g

奶油糖霜

＊無鹽奶油	200g
＊赤藻糖粉	60g
＊鮮奶油	30g
＊香草精	4g

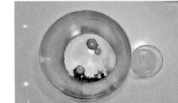

作法

A 製作蛋糕體

1 將烤箱以上下火180℃預熱。

2 把全部「粉類材料」放入鋼盆，以手持打蛋器混合均勻。

3 將奶油加熱成液態。

4 準備另一個鋼盆，將蛋、鮮奶油、奶油、赤藻糖醇、酸奶油和香草精以調理棒全部攪拌均勻。

5 將步驟2的粉類材料與步驟4材料以調理棒充分混合均勻。

6 將步驟5混合完成的材料倒入已鋪上杯子蛋糕紙模的矽膠模中。

7 放入烤箱，以上下火180℃烘烤20分鐘，將烤盤以水平旋轉180°再烘烤10分鐘。

8 將烤好的蛋糕體取出後置涼。

Tips 每台烤箱脾氣不同，即使按照食譜上的時間及溫度烘烤，也有可能會上色不均，因此須注意以表面均勻的呈現金黃色澤，才代表烤熟囉！

B 製作奶油糖霜

9 將軟化後的奶油和赤藻糖粉用電動打蛋器打到泛白蓬鬆。

Tips 奶油須放於室溫軟化後再打到泛白。

10 加入鮮奶油和香草精，繼續以電動打蛋器持續打到呈乳霜狀。

11 將奶油糖霜裝入擠花袋。

C 組裝

12 在烘烤完成並置涼的蛋糕體上，擠上奶油糖霜，加上藍莓等裝飾即完成。

Tips 頂部裝飾可依個人喜好自行更換水果等材料。

珊珊老師的小叮嚀

1 製作好的奶油糖霜若有剩餘，可放在擠花袋內冷藏2天或冷凍3禮拜。從冰箱取出使用時，放於室內回溫後，再用電動雙頭打蛋器打過即可使用。

2 烘焙成品無添加防腐劑，若吃不完建議先放於密封袋再放入冰箱，冷藏約可保存2天，冷凍約可保存2週，需盡快食用完畢。

3 從冰箱取出後置於室溫，待回溫即可享用。或是以電鍋、微波爐加熱，但不建議以烤箱回烤，避免蛋糕體過乾喔！

·10·

巧克力杯子蛋糕

無糖可可粉是這個杯子蛋糕美味的關鍵，
將濃郁的巧克力香氣包覆在蛋糕裡。
扎實的蛋糕口感、帶點苦甜巧克力的味道，一口咬下，
讓口腔裡瞬間充滿幸福的滋味。

每一份（約25g）

淨碳水化合物	2 g
碳水化合物	2.4 g
膳食纖維	0.5 g
蛋白質	2.6 g
脂肪	8.4 g
熱量	94.4 kcal

成分檢視			適合飲食法		血糖測試	
	無麩質	♛		低碳/低醣	♛	
	無乳製品			生酮	♛	
	無雞蛋			根治	♛	
	無精緻糖	♛		低GI	♛	

測試人：劉紫琳
職　業：護理師
年　齡：26歲

＊空腹狀態與食用100g一小時後的血糖值，相差10mg/dL，此個案測試結果血糖振盪幅度小。
＊此為個案血糖實測結果，數據僅供參考。

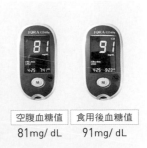

空腹血糖值	食用後血糖值
81mg/ dL	91mg/ dL

總克數：625g
製作分量：25個
使用模具：杯子蛋糕紙模、矽膠膜

*杏仁粉	115g
*無糖可可粉	60g
*無鋁泡打粉	4g
*全蛋	3顆
*鮮奶油	170g
*無鹽奶油	85g
*赤藻糖醇	75g
*香草精	4g

作法

1　先將烤箱以上下火180℃預熱。

2　將杏仁粉、無糖可可粉和無鋁泡打粉放入鋼盆，以手持打蛋器混合均勻。

3　把奶油加熱成液態。

4　準備另一個鋼盆，放入蛋、鮮奶油、奶油、赤藻糖醇和香草精，以調理棒攪打均勻。

5 在步驟4的蛋糕中加入步驟2的粉類材料，
再次以調理棒充分混合均勻。

Tips ｜ 如果手邊有調理棒，可將麵糊攪打一下，質地會
更加滑順。

6 將巧克力麵糊倒入已鋪上杯子蛋糕紙模的
矽膠模中。

6

Tips ｜ 裝入擠花袋中，利用擠花嘴將麵糊入模，操作起
來更為方便。

7 進烤箱以上下火180℃烘烤20分鐘，將烤盤
以水平旋轉180°再烘烤10分鐘。

Tips ｜ 蛋糕體表面膨起後就可以出爐囉！

珊珊老師的小叮嚀

1 杯子蛋糕烘烤出爐，溫溫的狀態最好吃！

2 烘焙成品無添加防腐劑，若吃不完建議先放於密封袋再放入冰箱，
冷藏約可保存2天，冷凍約可保存2週，需盡快食用完畢。

3 從冰箱取出後置於室溫，待回溫即可享用。或是以電鍋、微波爐加
熱，但不建議以烤箱回烤，避免蛋糕體過乾喔！

核桃夾心蛋糕

核桃含有大量的抗氧化物質、亞麻酸，
這是一種在身體內會被轉換成DHA的物質，
經科學研究證實，對於大腦的發育和延緩大腦衰老很有幫助。
在蛋糕體內夾入核桃乳酪醬，
表面再裝點上一些核桃，享受雙重口感。

每一份（約100g）

〔食用分量約1/6個〕

淨碳水化合物	**2.2** g
碳水化合物	2.5 g
膳食纖維	0.5 g
蛋白質	7.8 g
脂肪	25.3 g
熱量	265.7 kcal

成分檢視	無麩質 ♔	適合飲食法	低碳/低醣 ♔
	無乳製品		生酮 ♔
	無雞蛋		根治 ♔
	無精緻糖 ♔		低GI ♔

血糖測試 OK

測試人：Grace
職　業：上班族
年　齡：25歲

＊空腹狀態與食用100g一
小時後的血糖值，相差
6mg/dL，此個案測試
結果血糖振盪幅度小。
＊此為個案血糖實測結
果，數據僅供參考。

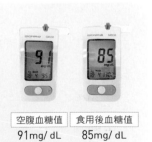

空腹血糖值	食用後血糖值
91mg/ dL	85mg/ dL

材料

總克數：600g
製作分量：1條
使用模具：13吋深烤盤

蛋糕體-蛋黃糊

＊蛋黃	3顆
＊奶油乳酪	125g
＊鮮奶油	15g
＊檸檬汁	5g

核桃乳酪醬

＊奶油乳酪	150g
＊鮮奶油	60g
＊赤藻糖粉	40g
＊核桃醬	30g

蛋糕體-打發蛋白

＊蛋白	3顆
＊檸檬汁	2g
＊赤藻糖醇	20g

作法

A 製作蛋糕體：蛋黃糊

1 將烤箱以上下火170℃預熱。

2 將烤模鋪上白報紙或矽膠烤墊。

Tips✏ 因為拌好蛋糕糊後就要入模，所以要先鋪好白報紙或矽膠墊。

3 取兩個鋼盆，將蛋黃、蛋白分開。

4 將奶油乳酪進行加熱，大約是到手指可以輕易壓下的程度。

5 在蛋黃盆內，加入奶油乳酪、鮮奶油和5g檸檬汁，用調理棒攪打均勻。

B 製作蛋糕體：打發蛋白

6 在蛋白盆內倒入2g檸檬汁，並將赤藻醣醇分3次加入，以電動打蛋器打至硬性發泡。

Tips 打發蛋白技巧是好吃的關鍵！打到如絲綢般地滑亮細緻就不容易消泡囉！

7 將步驟6的1/3蛋白倒入步驟5的蛋黃糊內，用刮刀以切拌的方式拌勻。

8 將步驟7的材料倒入剩下的蛋白盆內，繼續以拌切的方式拌勻。

9 將步驟8的麵糊倒入烤模後，上下輕震烤模，將多餘空氣震出。放入烤箱以上下火170℃烘烤20分鐘，將烤盤以水平旋轉180° 再烘烤10分鐘。

10 烘烤出爐後，將烤模倒扣、取出蛋糕體。

11 將蛋糕體表面覆蓋住鋁箔紙備用。

Tips ＊蓋上鋁箔紙可以防止水分流失，避免蛋糕體過乾。
＊將蛋糕體置涼後就可以取出分切囉！

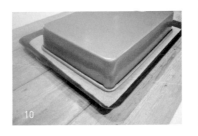

C　製作核桃乳酪醬

12　將奶油乳酪進行加熱，大約是到手指可以
　　輕易壓下的程度。

13　取一個鋼盆，放入奶油乳酪、鮮奶油、赤
　　藻糖粉和核桃醬，以電動打蛋器打至均勻
　　滑順。

14　將核桃乳酪醬裝入擠花袋中。

D　組裝

15　將蛋糕體平均切成三等分。

16　在第一塊蛋糕上擠上核桃乳酪醬，再以抹
　　刀抹平，疊上另一層蛋糕體，再繼續抹上
　　醬料，將三塊蛋糕組裝完成。

17　在蛋糕表面擠花、再放上核桃裝飾即完
　　成。

珊珊老師的小叮嚀

1 烘焙成品無添加防腐劑，若吃不完建議先放於密封袋再放入冰箱，
　冷藏約可保存2天，冷凍約可保存2週，需盡快食用完畢。
2 冷藏取出後，放於室溫回溫即可享用。

～粉紅櫻花乳酪蛋糕～

這道乳酪蛋糕免烘烤，
冰冰涼涼，很適合在夏日裡大口享用。
利用簡單的食材即能做出漂亮的粉紅漸層，
表面再裝飾上鹽漬櫻花，
一上桌立即吸引眾人目光。

每一份（約125g）

〔食用分量約1/8個〕

淨碳水化合物	4.5 g
碳水化合物	5.4 g
膳食纖維	0.9 g
蛋白質	5.3 g
脂肪	27.8 g
熱量	287.1 kcal

成分檢視	無麩質 ♛	適合飲食法	低碳/低醣 ♛	血糖測試 OK
	無乳製品		生酮 ♛	
	無雞蛋 ♛		根治 ♛	
	無精緻糖 ♛		低GI ♛	

測試人：黃瑋筑
職　業：護理師
年　齡：26歲

＊空腹狀態與食用100g一
小時後的血糖值，相差
8mg/dL，此個案測試
結果血糖振盪幅度小。

＊此為個案血糖實測結
果，數據僅供參考。

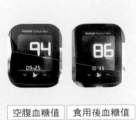

空腹血糖值	食用後血糖值
94mg/ dL	86mg/ dL

材料

總克數：1,000g
製作分量：1個
使用模具：6吋活動圓模

餅乾底

＊杏仁粉	100g
＊黃金亞麻仁籽粉	10g
＊椰子細粉	10g
＊無鹽奶油	50g
＊赤藻糖醇	50g

乳酪蛋糕體

＊奶油乳酪	375g
＊酸奶油	200g
＊鮮奶油	220g
＊赤藻糖醇	55g
＊檸檬汁	30g

洛神花果醬

＊新鮮洛神花	70g
＊赤藻糖醇	20g
＊檸檬汁	15g

鹽漬櫻花

＊鹽漬櫻花	數朵

組裝

＊無鹽奶油	20g

作法

A 製作鹽漬櫻花

1 把櫻花浸泡於鹽水3小時後，取出放在紙巾上備用。

Tips🥄 花朵可依個人喜好更換種類喔！

B 製作餅乾體

2 先將烤箱以火160℃、下火150℃預熱。

3 將奶油放在室溫軟化，直到手指可以輕易壓下。

4　將所有「餅乾底」材料放入鋼盆，用手混合捏勻。

5　將餅乾團用保鮮膜整成圓柱形，放入冰箱冷凍1小時。

6　從冰箱取出餅乾柱體，切成厚度0.5公分的片狀。

7　放入烤箱，以上火160℃、下火150℃烘烤10分鐘後，將烤盤以水平旋轉180°再烘烤3分鐘，取出置涼。

C　製作乳酪蛋糕體

8　加熱奶油乳酪，直到手指可以輕易壓下。

9　準備一個鋼盆，放入奶油乳酪、酸奶油、檸檬汁、鮮奶油和赤藻糖醇，用調理棒打到質地呈滑順狀。

Tips 以調理棒攪打均勻，可讓質地更好喔！

10　將乳酪麵糊分成205g、215g、225g、235g的分量備用。

D　製作洛神花果醬

11　將新鮮洛神花、赤藻糖醇與檸檬汁加熱到濃稠，再以篩網過篩備用。

E 組裝

12 將餅乾底70g和融化奶油壓入模底，冷凍30分鐘。

13-1

Tips 此份食譜僅用到70g餅乾底，其餘可以冰起來備用。P.128「抹茶乳酪蛋糕」也是用這個餅乾底喔！

----

13 將205g的乳酪糊與60g的洛神花果醬充分混和後，倒入圓形模中，放入冰箱冷凍15分鐘。

13-2

14 將215g乳酪糊與30g洛神花果醬充分混和後，倒入步驟1的圓形模中，再放入冰箱冷凍15分鐘，形成第二層漸層。

15 將225g乳酪糊與15g洛神花果醬充用矽膠刮刀分混和後，倒入圓形模中，再放入冰箱冷凍15分鐘，形成第三層漸層。

16 將235g乳酪糊直接倒入圓形模中，表面放上鹽漬櫻花，放入冰箱一整晚。

17

17 隔天將蛋糕取出後放在圓柱狀的杯子或罐頭上，以熱毛巾包住圓形模外圍，稍微回溫後，將圓形模輕輕往下移，即可取出櫻花乳酪蛋糕成品。

Tips 用熱毛巾包好模具，即可幫助順利脫模。

珊珊老師的小叮嚀

1 若要漂亮地切片，每切一刀都需先用熱水或火溫刀，每切一次須用布擦拭後再切，刀子切下後從側面拉出，較容易切出滑順漂亮的切面。

2 烘焙成品無添加防腐劑，若吃不完建議先放於密封袋再放入冰箱，冷藏約可保存2天，冷凍約可保存2週，需盡快食用完畢。

3 冷凍取出後，放於室溫回溫即可享用。不用加熱，於冷藏狀態下最好吃。

奶蓋抹茶輕乳酪

我喜歡吃甜的奶蓋勝過鹹奶蓋,這款奶蓋滋味酸甜、奶香濃郁,
單獨當作沾醬也很好吃,搭配帶點微苦的抹茶蛋糕更是搭配!
頂部撒上杏仁片,增添口感。

每一份(約50g)

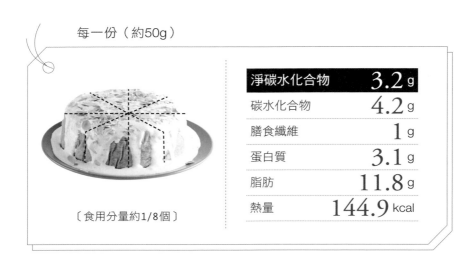

〔食用分量約1/8個〕

淨碳水化合物	**3.2** g
碳水化合物	**4.2** g
膳食纖維	**1** g
蛋白質	**3.1** g
脂肪	**11.8** g
熱量	**144.9** kcal

成分檢視	無麩質 👑	適合飲食法	低碳/低醣 👑	血糖測試 OK	測試人:林榮良 職　業:醫生 年　齡:42歲
	無乳製品		生酮		＊空腹狀態與食用100g一小時後的血糖值,相差0mg/dL,此個案測試結果血糖振盪幅度小。
	無雞蛋		根治 👑		＊此為個案血糖實測結果,數據僅供參考。
	無精緻糖 👑		低GI 👑		

空腹血糖值	食用後血糖值
88mg/ dL	88mg/ dL

材料

總克數：420g
製作分量：1份
使用模具：6吋活動圓模

蛋糕體：蛋黃糊

＊杏仁粉	25g
＊椰子細粉	10g
＊抹茶粉	5g
＊蛋黃	2顆
＊奶油乳酪	100g
＊鮮奶油	100g
＊無鹽奶油	20g
＊赤藻糖醇	20g

蛋糕體：打發蛋白

＊蛋白	2顆
＊赤藻糖醇	40g
＊檸檬汁	2g

奶蓋 a

＊奶油乳酪	100g
＊鮮奶油	50g
＊馬斯卡彭起司	40g
＊酸奶油	25g
＊赤藻糖醇	25g

奶蓋 b

＊蛋黃	2顆
＊鮮奶油	250g
＊乳清蛋白粉	4g
＊洋車前子粉	2g
＊椰子細粉	2g

點綴材料

＊杏仁碎或杏仁片	適量

作法

A 製作蛋糕體：蛋黃糊

1 將烤箱以上下火180℃預熱（使用水浴法，在深烤盤注入約一公分的熱水）。

2 將蛋黃和蛋白分開。

3 在圓形模內側鋪上鋁箔紙，如圖所示為十字型。

4 在圓形模內側周圍抹上奶油後，再鋪上一層烘焙紙。

5 加熱奶油乳酪，直到手指可以輕易壓下。

6 將奶油乳酪、奶油和赤藻糖醇20g用電動打蛋器打成乳霜狀。

7 將蛋黃分次加入，以電動打蛋器攪拌至乳霜狀。

8 加入100g鮮奶油後，繼續以電動打蛋器攪至均勻。

9 取另一個鋼盆，將杏仁粉、椰子細粉、抹茶粉全部一起過篩後，以手持打蛋器混合均勻。

10 將混合好的粉類材料倒入步驟8的蛋黃糊內。

B 製作蛋糕體：打發蛋白

11 取另一個鋼盆，加入蛋白和2g檸檬汁，並將赤藻糖醇分3次加入，以電動打蛋器打至硬性發泡後，再挖1/3蛋白霜倒入步驟10的蛋黃糊內，用矽膠刮刀以切拌的方式拌勻。

12 將剩下的蛋白霜倒入蛋黃糊中繼續拌勻。

13 將蛋黃糊倒入圓形模後，放入烤箱以上下火180℃烘烤15分鐘，直到表面上色，再以上下火120℃烘烤40分鐘後，取出置涼。

C 製作奶蓋

14 製作奶蓋a：加熱奶油乳酪直到手指可以輕易壓下，倒入鋼盆後，加入鮮奶油、馬斯卡彭起司、酸奶油和赤藻糖醇，以電動打蛋器打勻。

15 製作奶蓋b：準備一個小鍋子，放入蛋黃、鮮奶油、乳清蛋白粉、洋車前子粉、椰子細粉，以小火加熱攪拌至冒泡，一邊加熱一邊加入奶蓋a的鮮奶油起司。

Tips 煮奶蓋時一定要以小火耐心烹煮喔！

16 將奶蓋材料加入擠花袋中，放入冰箱冷藏30分鐘備用。

Tips 實際用到的奶蓋約1/3，剩下的可以拿來當沾醬喔！

D 組裝

17 將杏仁碎或杏仁片放入烤箱，以上下火110℃烘烤10分鐘。

18 將蛋糕取出後放在圓柱狀的杯子或罐頭上，以熱毛巾包住圓形模外圍，稍微回溫後，將圓形模輕輕往下移，即可取出蛋糕成品。

19 在蛋糕體中間挖一小洞，擠入奶蓋後放上杏仁碎或杏仁片即完成。

Tips 蛋糕體表面放上低溫烘烤後的杏仁片及杏仁角更能增加口感及風味。

珊珊老師的小叮嚀

1 如有剩餘的奶蓋材料，可放於冰箱冷藏3天，並盡快食用完畢。

2 烘焙成品無添加防腐劑，若吃不完建議先放於密封袋再放入冰箱，冷藏約可保存2天，冷凍約可保存2週，需盡快食用完畢。

3 冷凍取出後，放於室溫回溫即可享用。

～ 樹幹蛋糕 ～

簡單又迷人的蛋糕捲，是從少女時期就愛吃的一款蛋糕。
特別喜愛滑順的巧克力鮮奶油內餡，
搭配上柔軟的蛋糕體，表層再刷上苦甜巧克力醬，
不僅能帶來甜中帶點微苦的成熟風味，還能偽裝成樹幹蛋糕造型。
表面撒上糖粉，就是一款聖誕節的應景甜點。

每一份（約65g）

〔食用分量約1/9份〕

淨碳水化合物	2.4 g
碳水化合物	3.3 g
膳食纖維	0.9 g
蛋白質	4.7 g
脂肪	15.7 g
熱量	201.4 kcal

成分檢視	無麩質	適合飲食法	低碳/低醣	血糖測試 OK
	無乳製品		生酮	
	無雞蛋		根治	
	無精緻糖		低GI	

測試人：Chloe
職　業：上班族
年　齡：29歲

＊空腹狀態與食用100g一小時後的血糖值，相差2mg/dL，此個案測試結果血糖振盪幅度小。
＊此為個案血糖實測結果，數據僅供參考。

空腹血糖值	食用後血糖值
89mg/dL	91mg/dL

材料

總克數：580g
製作分量：1條
使用模具：13吋深烤盤

蛋糕體：蛋黃糊

＊蛋黃	3顆
＊奶油乳酪	125g
＊鮮奶油	20g
＊無糖可可粉	15g
＊香草精	4g

蛋糕體：打發蛋白

＊蛋白	3顆
＊赤藻糖醇	30g
＊檸檬汁	2g

巧克力鮮奶油

＊鮮奶油	160g
＊馬斯卡彭乳酪	40g
＊赤藻糖醇	30g
＊無糖可可粉	10g

表面巧克力醬

＊鮮奶油	110g
＊可可膏	100g

作法

A 製作蛋糕體：蛋黃糊

1 將烤箱以上下火180℃預熱。

2 在深烤盤裡鋪上矽膠墊、烘焙紙或白報紙。

3 用微波爐軟化奶油乳酪。

4 取一個鋼盆，加入蛋黃、奶油乳酪、無糖可可粉、鮮奶油和香草精，以調理棒打均勻，製作成可可蛋黃糊。

B 製作蛋糕體：打發蛋白

5 取另一個鋼盆，加入蛋白和2g檸檬汁，並將赤藻糖醇分3次加入後，以電動打蛋器打至硬性發泡。

Tips 打發蛋白是美味的訣竅，需打到光滑絲亮。

6 將步驟5的1/3蛋白霜加入步驟4的可可蛋黃糊內，用矽膠刮刀以切拌的方式拌勻。

7 將步驟6的可可蛋黃糊倒入剩下的蛋白霜內，繼續以切拌的方式拌勻。

8 將麵糊倒入烤模後，上下輕震烤盤，將多餘的空氣震出。

9 放入烤箱，以上下火180℃烘烤30分鐘後，取出倒扣置涼。

10 在表面覆蓋上鋁箔紙，防止水分過度流失。

C 製作巧克力鮮奶油

11 將無糖可可粉以篩網過篩。

12 取一個鋼盆，放入鮮奶油、赤藻糖醇和馬斯卡彭乳酪，以電動打蛋器隔冰水打發。

Tips 打發鮮奶油時，在鋼盆需隔著加冰塊的水攪打才會容易打發成功。打發到光滑細緻且有深紋路不流動。

13 將過篩好的可可粉倒入步驟12的奶油糊中。

14 將可可鮮奶油放入擠花袋，冷凍10分鐘備用。

15 將可可鮮奶油擠在置涼後的蛋糕體上，再以抹刀抹平。

16 將蛋糕體捲起，冷凍一小時備用。

13

Tips 捲蛋糕體時務必小心，若不小心弄破了，就變化造型，堆疊成小蛋糕吧！

D 製作巧克力醬

17 取一個小鍋，放入鮮奶油和可可膏，以小於50℃的小火加熱。

14

18 用矽膠刷將巧克力醬刷在蛋糕體表面，放入冰箱冷凍1小時即完成。

Tips 巧克力醬實際只會用到約1/3的量，剩下的可以拿來做沾醬喔！

17

珊珊老師的小叮嚀

1 烘焙成品無添加防腐劑，若吃不完建議先放於密封袋再放入冰箱，冷藏約可保存2天，冷凍約可保存2週，需盡快食用完畢。

2 冷藏取出後，放於室溫回溫即可享用。

鹹蛋黃煙燻乳酪蛋糕

爸爸很喜歡吃古早味的鹹蛋糕，
所以女兒我就將充滿古早味的鹹蛋黃與外國元素煙燻乳酪混合，
創造出這款中西融合的特色蛋糕，家人們吃過都讚不絕口。
媽媽還說這款蛋糕很適合用來拜拜呢！

每一份（約70g）

〔食用分量約1/6個〕

淨碳水化合物	1.5 g
碳水化合物	3 g
膳食纖維	1.5 g
蛋白質	7.8 g
脂肪	22.8 g
熱量	244.5 kcal

成分檢視	無麩質	♔	適合飲食法	低碳/低醣	♔	血糖測試 OK
	無乳製品			生酮	♔	
	無雞蛋			根治	♔	
	無精緻糖	♔		低GI	♔	

測試人：謝依琳
職　業：麵包師傅
年　齡：26歲

＊空腹狀態與食用100g一
小時後的血糖值，相差
2mg/dL，此個案測試
結果血糖振盪幅度小。
＊此為個案血糖實測結
果，數據僅供參考。

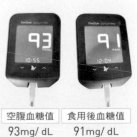

空腹血糖值	食用後血糖值
93mg/ dL	91mg/ dL

材料

總克數：420g
製作分量：1個
使用模具：6吋活動圓模

蛋黃糊

＊杏仁粉	80g
＊蛋黃	3顆
＊鹹蛋黃	2顆
＊煙燻乳酪	30g
＊苦茶油	40g
＊鮮奶油	50g

打發蛋白

＊蛋白	3顆
＊赤藻糖醇	30g
＊檸檬汁	2g

作法

A 製作蛋黃糊

1 將烤箱以上下火180℃預熱。

2 將蛋黃、蛋白分開；將煙燻乳酪切碎成丁狀備用。

3 將鹹蛋黃蒸熟。

4 將蛋黃、苦茶油和鮮奶油以調理棒攪拌均勻備用。

5 將杏仁粉倒入步驟4的材料中，以調理棒攪拌均勻。

B 製作打發蛋白

6 取另一個鋼盆，加入蛋白和2g檸檬汁，並將赤藻糖醇分3次加入後，以電動打蛋器打至硬性發泡。

Tips♪ 打發蛋白是美味的訣竅，需打到光滑絲亮。

7 挖1/3蛋白霜倒入步驟5的蛋黃糊裡，利用矽膠刮刀以切半的方式拌勻。

8 將步驟7的蛋黃糊倒入剩下的蛋白裡，以手持打蛋器拌勻。

9 把烘焙紙鋪在圓型模底部及內側，倒入一層麵糊。

10 在步驟9的麵糊上，鋪上捏碎的鹹蛋黃及煙燻乳酪後，再倒入剩餘的麵糊。

11 放入烤箱，以上下火180℃烘烤30分鐘，直到表面呈金黃色澤即可取出。

Tips 烘烤完成後，取出倒扣在置涼架上，將烘焙紙小心地脫離模具，完成脫模。

抹茶夾層蛋糕

不須打發蛋白，
簡單的攪拌即可完成這款蛋糕。
一層抹茶、一層鮮奶油，
創造出豐富多層次的口感。

每一份（約130g）

〔食用分量約1/6個〕

淨碳水化合物	4.2 g
碳水化合物	7 g
膳食纖維	2.8 g
蛋白質	4.9 g
脂肪	19.7 g
熱量	208.5 kcal

成分檢視	無麩質	♛	適合飲食法	低碳/低醣	♛
	無乳製品			生酮	♛
	無雞蛋			根治	♛
	無精緻糖	♛		低GI	♛

血糖測試 OK

測試人：Mina
職　業：上班族
年　齡：46歲

＊空腹狀態與食用100g一小時後的血糖值，相差19mg/dL，此個案測試結果血糖振盪幅度小。
＊此為個案血糖實測結果，數據僅供參考。

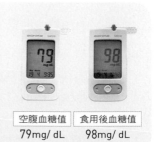

空腹血糖值	食用後血糖值
79mg/ dL	98mg/ dL

材料

蛋糕體

＊杏仁粉	100g
＊椰子細粉	20g
＊抹茶粉	15g
＊無鋁泡打粉	4g
＊全蛋	4顆
＊鮮奶油	85g
＊赤藻糖醇	70g
＊無鹽奶油	60g
＊酸奶油	40g
＊香草精	4g

總克數：800g
製作分量：1個
使用模具：13吋深烤盤

鮮奶油

＊馬斯卡彭乳酪	60g
＊鮮奶油	140g
＊香草精	4g
＊赤藻糖醇	15g

作法

A 製作蛋糕體

1 將烤箱以上下火180℃預熱。在13吋深烤盤鋪上烘焙紙。

2 取一個鋼盆，放入杏仁粉、椰子細粉、抹茶粉、無鋁泡打粉，以手持打蛋器攪拌混合。

3 將奶油加熱成液態。

4 準備另一個鋼盆，放入蛋、鮮奶油、融化後的奶油、赤藻糖醇、酸奶油和香草精，以調理棒攪拌均勻。

Tips 蛋糕體材料一定要用調理棒打均勻喔！

----

5 將步驟2的粉類材料加入步驟4的蛋黃糊中，充分以調理棒攪拌混合後，將麵糊倒入烤盤中。

6 放入烤箱，以上下火180℃烘烤20分鐘，將烤盤以水平180°旋轉再烘烤10分鐘。

7 取出置涼後，分切成4等分。

B 製作鮮奶油

8 取一個鋼盆，放入馬斯卡彭乳酪、鮮奶油、香草精與赤藻糖醇後，隔著冰水用電動打蛋器打到蓬鬆。

Tips 打發鮮奶油時，在鋼盆需隔著加冰塊的水攪打才會容易打發成功。打發到光滑細緻且有深紋路不流動。

----

9 將鮮奶油裝入擠花袋，放入冰箱冷凍20分鐘。

C 組裝

10 依序鋪上一層蛋糕體、一層鮮奶油，直到4等分的蛋糕體鋪完。

11 可依個人喜好在表面撒上糖霜或其他粉類材料，放入冰箱冷凍1小時較好分切。

珊珊老師的小叮嚀

1 烘焙成品無添加防腐劑，若吃不完建議先放於密封袋再放入冰箱，冷藏約可保存2天，冷凍約可保存2週，需盡快食用完畢。

2 冷藏取出後，放於室溫回溫即可享用。

核桃磅蛋糕

磅蛋糕一直是我很喜歡的蛋糕種類，簡單卻很美味。
我在第一本書《護理師的無麵粉低醣烘焙廚房》，
分享的糖霜磅蛋糕口感較為扎實，
這次的核桃磅蛋糕口感則較為濕潤，
不同的風味，大家可以嘗試看看。

每一份（約40g）

〔食用分量約1/8個〕

淨碳水化合物	1.4 g
碳水化合物	2.9 g
膳食纖維	1.5 g
蛋白質	3.6 g
脂肪	14.3 g
熱量	149.4 kcal

成分檢視	無麩質	♔	適合飲食法	低碳/低醣	♔	血糖測試 OK
	無乳製品			生酮	♔	
	無雞蛋			根治	♔	
	無精緻糖	♔		低GI	♔	

測試人：劉軍凱
職　業：公司老闆
年　齡：43歲

＊空腹狀態與食用100g一
小時後的血糖值，相差
6mg/dL，此個案測試
結果血糖振盪幅度小。
＊此為個案血糖實測結
果，數據僅供參考。

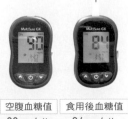

空腹血糖值	食用後血糖值
90mg/dL	84mg/dL

材料

蛋糕體

＊杏仁粉	70g
＊椰子細粉	10g
＊無鋁泡打粉	2g
＊玫瑰鹽	適量
＊無鹽奶油	30g
＊赤藻糖醇	35g
＊全蛋	1顆
＊鮮奶油	40g
＊香草精	4g

總克數：320g
製作分量：1份
使用模具：磅蛋糕不沾模
　　　　　（15×6.7×6.6公分）

核桃醬

＊核桃醬	30g
＊鮮奶油	30g
＊赤藻糖粉	20g

作法

A 製作蛋糕體

1 先將烤箱以上下火170℃預熱。

2 取一個鋼盆，放入杏仁粉、椰子細粉、鋁泡打粉和一點點玫瑰鹽，以手持打蛋器攪拌混和。

3 將奶油放在室溫軟化，直到手指可以輕易壓下。

4 將軟化後的奶油、赤藻糖醇以電動打蛋器打到泛白呈乳霜狀。

5 先將雞蛋加入步驟4的材料中以電動打蛋器攪打均勻後，再加入鮮奶油，香草精繼續攪打均勻。

6 將步驟2混合好的粉類材料加入步驟5的材
　料中，以調理棒攪拌均勻。

B 製作核桃醬

7 取一綱盆，將「核桃醬」的材料以調理棒
　攪拌均勻。

C 組裝

8 迅速將蛋糕糊與核桃醬用手持打蛋器攪拌
　一下，不用拌勻。

9 將烘焙紙鋪在模型四周裡，再倒入步驟8混
　合好的麵糊。

10 放入烤箱，以上下火170℃烘烤15分鐘後，
　　將烤盤以水平旋轉180°以160℃烘烤15分
　　鐘。

Tips 這款蛋糕容易發生過度上色但中間卻還沒熟的情
　　　況，建議烘烤時一定要於烤箱內放置溫度計並顧
　　　爐喔！
----

11 烤至表面上色後，插入蛋糕測試棒測試，
　　如無沾黏即代表可出爐了。

珊瑚老師的小叮嚀

1 磅蛋糕分切後蛋糕體容易變乾、影響口感，建議盡速食用。

2 烘焙成品無添加防腐劑，若吃不完建議先放於密封袋再放入冰
　箱，冷藏約可保存2天，冷凍約可保存2週，需盡快食用完畢。

3 冷藏取出後，放於室溫回溫即可享用。

古早味起司海綿蛋糕

好懷念古早味蛋糕的滋味,
於是改良了這款不用麵粉的低糖版本。
蛋糕體偏濕潤,軟綿好入口,中間夾著起司更是美味加分的來源,
表面再撒上滿滿的起司粉,讓人感到非常滿足。

每一份(約60g)

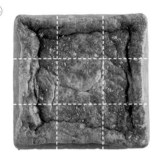

〔食用分量約1/9個〕

淨碳水化合物	**1.8** g
碳水化合物	**3.1** g
膳食纖維	**1.3** g
蛋白質	**7.6** g
脂肪	**22.9** g
熱量	**245.2** kcal

成分檢視		適合飲食法		血糖測試
無麩質	♔	低碳/低醣	♔	
無乳製品		生酮	♔	OK
無雞蛋		根治		
無精緻糖	♔	低GI	♔	

測試人:黃靖淳
職　業:護理師
年　齡:23歲

＊空腹狀態與食用100g一
小時後的血糖值,相差
9mg/dL,此個案測試
結果血糖振盪幅度小。
＊此為個案血糖實測結
果,數據僅供參考。

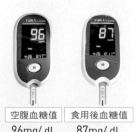

空腹血糖值	食用後血糖值
96mg/ dL	87mg/ dL

材料

總克數：550g
製作分量：1個
使用模具：8.5吋正方形不沾模

蛋黃糊

＊杏仁粉	110g
＊蛋黃	4個
＊鮮奶油	200g
＊堅果油	40g

打發蛋白

＊蛋白	4個
＊赤藻糖醇	45g
＊檸檬汁	2g
＊巧達起司片	4片
＊帕馬森起司粉	適量

作法

A 製作蛋黃糊

1 將烤箱以上下火180℃預熱。

2 取一個鋼盆，放入杏仁粉、蛋黃、鮮奶油和堅果油，用調理棒打至滑順。

B 製作打發蛋白

3 取另一個鋼盆，加入蛋白和2g檸檬汁，並將赤藻糖醇分3次加入後，以電動打蛋器打至硬性發泡。

Tips 打發蛋白是美味的訣竅，需打到光滑絲亮。

4 將1/3蛋白霜倒入步驟2的蛋黃糊裡，用矽膠刮刀以切拌的方式拌勻。

5 將蛋黃糊倒入剩下的蛋白霜中，繼續以切拌的方式拌勻。

6 在烤模裡鋪上烘焙紙，倒入一半麵糊。

7 鋪上對切的巧達起司片，再倒入剩下的麵糊，於表面撒上帕馬森起司粉。

8 放入烤箱，以上下火180℃烘烤30分鐘，直到表面呈金黃色澤即可取出。

珊珊老師的小叮嚀

1 這款蛋糕適合常溫食用，烤完當天最好吃。

2 烘焙成品無添加防腐劑，若吃不完建議先放於密封袋再放入冰箱，冷藏約可保存2天，冷凍約可保存2週，需盡快食用完畢。

3 冷藏取出後，放於室溫回溫即可享用，或是以電鍋加，風味更佳。

摩卡巧克力蛋糕

一層蛋糕、一層咖啡鮮奶油、一層雪白鮮奶油，
表面再撒上濃厚可可粉，口感超級豐富。
一定要一口吃進每一層，才能感受到絕味滋味。
苦甜柔軟、冰涼不膩口，很適合夏天享用。

每一份（約60g）

〔食用分量約1/8個〕

淨碳水化合物	2 g
碳水化合物	3 g
膳食纖維	1 g
蛋白質	4.2 g
脂肪	13.9 g
熱量	152 kcal

成分檢視	無麩質 ♕	適合飲食法	低碳/低醣 ♕	血糖測試 OK
	無乳製品		生酮 ♕	
	無雞蛋		根治 ♕	
	無精緻糖 ♕		低GI ♕	

測試人：Sidney
職　業：上班族
年　齡：38歲

＊空腹狀態與食用100g一
　小時後的血糖值，相差
　6mg/dL，此個案測試
　結果血糖振盪幅度小。
＊此為個案血糖實測結
　果，數據僅供參考。

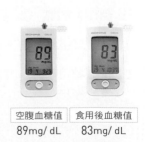

空腹血糖值	食用後血糖值
89mg/ dL	83mg/ dL

材料

蛋糕體：蛋黃糊

＊蛋黃	4顆
＊無糖可可粉	20g
＊鮮奶油	25g
＊香草精	4g
＊玫瑰鹽	適量

蛋糕體：打發蛋白

＊蛋白	4顆
＊赤藻糖醇	35g
＊檸檬汁	2g

咖啡鮮奶油

＊鮮奶油	160g
＊即溶咖啡粉	5g
＊赤藻糖醇	30g
＊無糖可可粉	2克

總克數：625g
製作分量：1個
使用模具：正方形不沾模
（21.9×21.9×9.9公分）

鮮奶油層

＊鮮奶油	160g
＊馬斯卡彭乳酪	40g
＊赤藻糖醇	20g

表面裝飾

＊無糖可可粉	適量

2-1

2-2

作法

A 製作蛋糕體：蛋黃糊

1　先將烤箱以上下火170℃預熱。

2　將無糖可可粉以小篩網過篩；蛋黃、蛋白分離備用。

3　取一個鋼盆，放入蛋黃、鮮奶油、香草精、玫瑰鹽和無糖可可粉，以調理棒攪拌均勻。

3

B 製作蛋糕體：打發蛋白

4 取另一個鋼盆，加入蛋白和2g檸檬汁，並
   將赤藻糖醇分3次加入後，以電動打蛋器打
   至硬性發泡。

Tips 打發蛋白是美味的訣竅，需打到光滑絲亮。
----

5 將1/3蛋白霜倒入步驟3的可可蛋黃糊內，
   用矽膠刮刀以切拌的方式拌勻。

6 將可可黃蛋糊加入剩下的打發蛋白中，用
   矽膠刮刀以切拌的方式拌勻。

7 將模具內鋪上烘焙紙後，倒入麵糊。

8 放入烤箱，以上下火170℃烘烤30分鐘。

9 烘烤完成，取出倒扣置涼後對切。

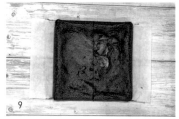

C 製作咖啡鮮奶油

10 在鮮奶油中加入即溶咖啡粉、無糖可可粉、
赤藻糖醇，小火加熱攪拌至完全溶解後置
涼，放入冰箱冷藏2小時。

11 將冷藏後的咖啡鮮奶油取出，以電動打蛋器
打發至滑順狀態。

12 將步驟11打發後的咖啡鮮奶油放入擠花袋。

13 擠一層咖啡鮮奶油在蛋糕體上抹平後，再放
上第二層蛋糕體，放入冰箱。

- -

Tips 蛋糕體冷凍後再分切更容易下刀喔！

- -

C 製作鮮奶油層

14 取一個乾淨鋼盆，放入鮮奶油、赤藻糖醇和馬斯卡彭乳酪後，以電動打蛋器隔冰水打發至滑順狀態，放入擠花袋。

Tips 打發鮮奶油時，在鋼盆需隔著加冰塊的水攪打才會容易打發成功。打發到光滑細緻且有深紋路不流動。

15 放入冰箱，冷凍20分鐘。

D 組裝

16 取出蛋糕體及打發鮮奶油，在蛋糕上擠上2公分厚的鮮奶油。

17 表面撒上過篩的無糖可可粉後即完成。

Tips 冷凍2小時後較好分切喔！

珊珊老師的小叮嚀

1 烘焙成品無添加防腐劑，若吃不完建議先放於密封袋再放入冰箱，冷藏約可保存2天，冷凍約可保存2週，需盡快食用完畢。

2 冷凍取出後，放於室溫回溫即可享用，不需加熱。

抹茶乳酪蛋糕

底部酥脆的餅乾底，
加上綿密的蛋糕與最上層濃郁的抹茶粉，
這款冰涼免烤的抹茶重乳酪蛋糕，
是我和家人在夏日裡最喜愛的甜點之一。

每一份（約65g）

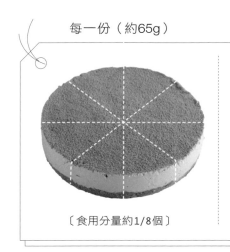

〔食用分量約1/8個〕

淨碳水化合物	2.8 g
碳水化合物	4.9 g
膳食纖維	2.1 g
蛋白質	5.8 g
脂肪	30.9 g
熱量	316.1 kcal

成分檢視	無麩質 ♛	適合飲食法	低碳/低醣 ♛	血糖測試 OK
	無乳製品		生酮 ♛	
	無雞蛋		根治	
	無精緻糖 ♛		低GI ♛	

測試人：歐文
職　業：健康管理師
年　齡：37歲

＊空腹狀態與食用100g一小時後的血糖值，相差15mg/dL，此個案測試結果血糖振盪幅度小。

＊此為個案血糖實測結果，數據僅供參考。

空腹血糖值	食用後血糖值
96mg/ dL	81mg/ dL

材料

餅乾底

＊杏仁粉	100g
＊亞麻仁籽粉	10g
＊椰子細粉	10g
＊赤藻糖醇	50g
＊無鹽奶油	50g

總克數：530g
製作分量：1份
使用模具：6吋活動圓模

蛋糕體

＊奶油乳酪	250g
＊鮮奶油	140g
＊赤藻糖醇	60g
＊抹茶粉	10g

組裝

＊無鹽奶油	20g

作法

A 製作餅乾體

1 先將烤箱以上火160℃、下火150℃預熱。

2 將50g奶油放在室溫軟化，直到手指可以輕
易壓下。

3 把所有「餅乾底」的材料放入鋼盆，用手
捏勻。

4 將餅乾麵糰用保鮮膜包覆住，再整成圓柱形，放入冰箱冷凍1小時。

5 取出餅乾麵糰，切成一片約0.5公分厚度的片狀。

6 放入烤箱，以上火160℃、下火150℃烘烤10分鐘，將烤盤以水平旋轉180°再
烘烤3分鐘。

7 取出置涼。

Tips 先切小片餅乾烘烤是為了後面要將餅乾壓碎後鋪在模具內當餅乾底喔！

B 製作蛋糕體

8 將奶油乳酪加熱軟化。

9 取一個鋼盆，加入軟化後的奶油乳酪、鮮奶油和赤藻糖醇，用調理棒攪打均勻。

Tips 所有材料都用調理棒打過後嘗起來會更細緻喔！

----

10 先將抹茶粉過篩後，再倒入蛋糕糊中攪拌均勻。

C 組裝

11 將餅乾底70g和融化奶油壓入模底，冷凍1小時。

Tips 此份食譜僅用到70g餅乾底，其餘可以冰起來備用。P.128「抹茶乳酪蛋糕」也是用這個餅乾底喔！

----

12 取出模具，將蛋糕乳酪糊倒入模具中。

13 隔天將蛋糕取出後放在圓柱狀的杯子或罐頭上，以熱毛巾包住圓形模外圍，稍微回溫後，將圓形模輕輕往下移，即可取出蛋糕成品。

13

Tips 用熱毛巾包覆模具可以幫助蛋糕體順利脫模喔！

珊珊老師的小叮嚀

1 若要漂亮地切片，每切一刀，都需先用熱水或火溫刀，每切一次須用布擦過再切，刀子切下後從側面拉出，可更容易完成滑順的切面。

2 烘焙成品無添加防腐劑，若吃不完建議先放於密封袋再放入冰箱，冷藏約可保存2天，冷凍約可保存2週，需盡快食用完畢。

3 冷藏取出後，放於室溫回溫即可享用，不用加熱喔！

CAKES RECIPE

·21·

～ 乳酪金沙磚 ～

這款乳酪蛋糕運用鹹蛋黃做底部，
不僅省去了做餅乾底的繁複，又增添了視覺上的美感。
鹹蛋黃鹹香中帶點香甜，和重乳酪搭配起來更是意外合拍，
每一口都能感受到乳酪濃到化不開的好滋味。

每一份（約100g）

〔食用分量約1/4個〕

淨碳水化合物	2.5 g
碳水化合物	2.5 g
膳食纖維	0 g
蛋白質	9.6 g
脂肪	25.3 g
熱量	275.5 kcal

成分檢視	無麩質	♔	適合飲食法	低碳/低醣	♔	血糖測試 OK
	無乳製品			生酮	♔	
	無雞蛋			根治		
	無精緻糖	♔		低GI	♔	

測試人：李雅婷
職　業：行政人員
年　齡：31歲

＊空腹狀態與食用100g一
小時後的血糖值，相差
2mg/dL，此個案測試
結果血糖振盪幅度小。
＊此為個案血糖實測結
果，數據僅供參考。

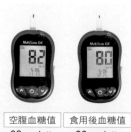

空腹血糖值	食用後血糖值
82mg/ dL	80mg/ dL

總克數：390g
製作分量：1個
使用模具：正方形慕斯模
（11.5×11.5×5公分）

底部

＊鹹蛋黃	6顆

乳酪體

＊全蛋液	80g
＊奶油乳酪	160g
＊酸奶油	40g
＊赤藻糖醇	40g
＊檸檬汁	8g
＊香草精	2g

作
法

A 製作底部

1 將鹹蛋黃蒸熟備用。

2 將烘焙紙鋪在模具內，放入蒸熟的鹹蛋黃，以手掌壓碎後鋪底，放入冰箱冷凍備用。

Tips 可保留少許鹹蛋黃碎，作為裝飾用。

B 製作乳酪體

3 烤箱以上下火170℃預熱（使用水浴法，將烤盤倒入熱水約1公分）。

4 加熱奶油乳酪，直到手指可以輕易壓下。

5　準備一個鋼盆，加入蛋液、奶油乳酪、酸奶油、赤藻糖醇、檸檬汁和香草精，以調理棒攪打均勻。

Tips｜ 所有食材混和後一定要用調理棒打均勻，烤出來的重乳酪才會滑順細緻喔！

C　組裝

6　將乳酪糊以篩網過篩。

7　從冰箱取出鋪好鹹蛋黃的模型，倒入過篩後的乳酪糊，放入烤箱以170℃烘烤20分鐘後，將烤盤以水平旋轉180°再烘烤20分鐘。

8　烘烤出爐置涼後，放入冰箱冷凍一晚，取出時再以熱刀切成小塊，表面撒上鹹蛋黃碎即完成。

珊瑚老師的小叮嚀

1　若要漂亮地切片，每切一刀都需先用熱水或火溫刀，每切一次用布擦過再切，刀子切下後從側面拉出，切片才會平整。

2　烘焙成品無添加防腐劑，若吃不完建議先放於密封袋再放入冰箱，冷藏約可保存2天，冷凍約可保存2週，需盡快食用完畢。

3　冷藏取出後，放於室溫回溫即可享用，不用加熱喔！

Chapter Four

可口點心

充滿台灣風味的藍莓酥、偽黑糖糕；
沁涼消暑的蔓越莓油磚、眼球奶酪杯，
種類豐富，
滿足大人小孩的味蕾。

藍莓酥

小時候家裡開雜貨店，

總愛和爸爸偷偷打開鳳梨酥一包接著一包吃，深怕被媽媽會發現。

隨著時代的轉變，近幾年的鳳梨酥多以土鳳梨為內餡，口感較酸澀有纖維。

為了在低醣烘焙的世界裡，盡可能地創造出屬於台灣味的點心，

這款藍莓酥因此誕生，讓有糖尿病的父親也能放心吃著他懷念的小點。

每一份（約25g）

淨碳水化合物	1.2 g
碳水化合物	3.1 g
膳食纖維	1.6 g
蛋白質	1.6 g
脂肪	9.9 g
熱量	109.1 kcal

成分檢視	無麩質	♔	適合飲食法	低碳/低醣	♔	血糖測試 OK
	無乳製品			生酮	♔	
	無雞蛋			根治		
	無精緻糖	♔		低GI	♔	

測試人：Janus
職　業：體育老師
年　齡：42歲

＊空腹狀態與食用100g一小時後的血糖值，相差1mg/dL，此個案測試結果血糖振盪幅度小。

＊此為個案血糖實測結果，數據僅供參考。

空腹血糖值	食用後血糖值
91mg/dL	90mg/dL

材料

藍莓酥體

＊椰子細粉	60g
＊無鋁泡打粉	4g
＊玫瑰鹽	1g
＊全蛋	1顆
＊無鹽奶油	100g
＊奶油乳酪	60g
＊赤藻糖醇	45g

總克數：325g
製作分量：12個
使用模具：藍莓酥模
（3×5公分、高1.5公分）

藍莓冰磚

＊藍莓	100g
＊檸檬汁	15g

作法

A 製作藍莓醬冰磚

1 準備一個小鍋子放入藍莓和檸檬汁，煮到
　濃稠。

Tips 藍莓醬煮得濃稠，之後放入冰箱冷凍較不容易在
　　　烘烤過程中造成表面爆裂。

2 將步驟1的藍莓醬糊分裝於冰磚，冷凍一個
　晚上。

Tips 藍莓醬一定要事先煮好倒入冰磚內冷凍一晚喔！
　　　做成藍莓冰磚內餡，較好入模。

B 製作藍莓酥體

3 將烤箱以上火160℃、下火150℃預熱。

4 將椰子細粉、無鋁泡打粉與玫瑰鹽倒入鋼盆，混合備用。

5 加熱奶油乳酪直到手指可以輕易壓下。

6　把奶油加熱成液態。

7　將全蛋、奶油、奶油乳酪和赤藻糖醇用調理棒攪打均勻。

8　把步驟7的蛋糊內倒入步驟4的粉類材料，以刮刀壓拌方式攪勻麵糊。

9　蓋上保鮮膜，放入冰箱冷凍20分鐘。

C 組裝

10　將麵糰裝入模具內。

 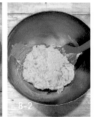

Tips 藍莓酥跟傳統鳳梨酥的製程完全不同，無法以手捏的方式成型，可直接將材料捏壓入模具內。按照書中步驟就不會錯囉！

11　將麵糰中間挖空後放入冷凍藍莓磚。

12　把表面用剩餘麵糰整平後，放入烤箱以上火160℃、下火150℃ 烘烤20分鐘後，再將烤盤以水平旋轉180°烘烤10分鐘，表面稍微上色即可出爐。

13　取出靜置30分鐘，稍微放涼後再脫模即完成。

Tips 在藍莓酥還有餘溫時較好脫模，剛烤好時非常軟，建議脫模後直接冷凍兩小時，較不容易鬆散。

珊珊老師的小叮嚀

1 烘烤出爐，溫溫的狀態最好吃！

2 烘焙成品無添加防腐劑，若吃不完建議先放於密封袋再放入冰箱，冷藏約可保存2天，冷凍約可保存2週，需盡快食用完畢。

3 從冰箱取出後置於室溫，待回溫即可享用，不需加熱。

DESSERT RECIPE
·23·

眼球奶酪杯

自從孩子們去上課後，常常跟我說，
他們想請班上的同學吃媽媽做的甜點。
於是在萬聖節前夕，我就做了這款外型超吸睛又應景的低醣點心，
讓他們帶到學校和同學們一起品嘗，不僅吃得安心，
也讓小朋友們留下深刻印象。

每一份（約45g）

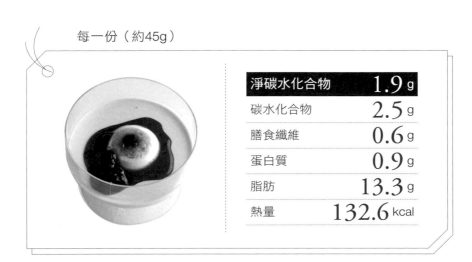

淨碳水化合物	1.9 g
碳水化合物	2.5 g
膳食纖維	0.6 g
蛋白質	0.9 g
脂肪	13.3 g
熱量	132.6 kcal

成分檢視	無麩質	♔	適合飲食法	低碳/低醣	♔	血糖測試 OK
	無乳製品			生酮	♔	
	無雞蛋	♔		根治	♔	
	無精緻糖	♔		低GI	♔	

測試人：Amber
職　業：上班族
年　齡：28歲

＊空腹狀態與食用100g一
小時後的血糖值，相差
16mg/dL，此個案測試
結果血糖振盪幅度小。
＊此為個案血糖實測結
果，數據僅供參考。

	空腹血糖值	食用後血糖值
	72mg/dL	88mg/dL

總克數：675g
製作分量：15杯
使用模具：奶酪杯、造型矽膠模

黑眼珠

＊開水	100g
＊赤藻糖粉	15g
＊無糖可可粉	2.5g
＊寒天粉	1g

眼膜

＊開水	100g
＊赤藻糖粉	2g
＊寒天粉	1g
＊蝶豆花	適量

眼白

＊鮮奶油	170g
＊開水	80g
＊赤藻糖粉	2g
＊寒天粉	1g

奶酪杯

＊鮮奶油	400g
＊赤藻糖醇	40g
＊香草精	15g
＊寒天粉	3g

覆盆莓果醬

＊覆盆莓	40g
＊藍莓	40g
＊檸檬汁	10g
＊開水	20g

作法

A 製作黑眼珠

1 取一個小鍋，將開水、赤藻糖粉、無糖可可粉和寒天粉放入，以小火煮到鍋邊起泡狀態即可，不要煮到沸騰。

2 用筷子沾少許步驟1的可可液滴至矽膠模具中間，置涼備用。

1

2

B 製作眼膜

3 取一個小鍋，將水、赤藻糖粉和寒天粉放入，以小火煮到鍋邊起泡，不要煮到沸騰。

4 將步驟3的材料沖入裝有蝶豆花的杯子內，出現色澤後再過篩，保留蝶豆花水。

5 稍微放涼後，倒入已滴入黑眼球的矽膠模具內，淺淺一層就好，放入冰箱冷藏30分鐘。

C 製作眼白

6 取一個小鍋，將鮮奶油、開水、赤藻糖粉和寒天粉放入，以小火煮到鍋邊起泡，不要煮到沸騰。

7 稍微放涼後，倒入先前已裝入黑眼球和眼膜的模具內，再放入冰箱冷藏1小時。

Tips 一定要等待步驟5已冷藏30分鐘後再進行此步驟，千萬不要心急喔！

D 製作奶酪杯

8 取一個小鍋，將鮮奶油、赤藻糖醇、香草精和寒天粉放入，以小火煮到鍋邊冒泡，不要煮到沸騰。

9 將煮好的奶酪糊用篩網過篩。

10 在每個杯子中倒入30g的奶酪糊，放入冰箱冷藏1小時備用。

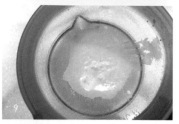

E 製作覆盆莓果醬

11 以小火煮檸檬汁、開水、藍莓和覆盆莓果粒，一邊煮一邊按壓覆盆莓和藍莓至軟化，不用到濃稠。

12 過篩果粒，留下果汁。加入20g開水調和備用。

F 組裝

13 將眼球放在奶酪杯中間，滴入覆盆莓果醬即完成。

珊珊老師的小叮嚀

1 製作完成就可以直接享用喔！

2 因為食譜分量較多，適合派對多人使用！

3 眼球奶酪杯無添加防腐劑，若吃不完建議先放於密封袋再放入冰箱，冷藏約可保存2天，冷凍約可保存2週，需盡快食用完畢。

可可碎巧克力

可可脂是巧克力能滑順、入口即化的原因。
而且可可脂還富含維生素、黃酮、抗氧化物和礦物質，
特別是含有大量的可可聚多酚（CMP），
能夠對抗癌症、預防心血管疾病、緩解關節炎，好處多多。

每一份（約20g）

淨碳水化合物	**2.6** g
碳水化合物	4.2 g
膳食纖維	1.7 g
蛋白質	1.9 g
脂肪	8.4 g
熱量	101 kcal

成分檢視	無麩質 ♛	適合飲食法	低碳/低醣 ♛	血糖測試 OK
	無乳製品		生酮 ♛	
	無雞蛋 ♛		根治 ♛	
	無精緻糖 ♛		低GI ♛	

測試人：Alan
職　業：上班族
年　齡：24歲

＊空腹狀態與食用100g一小時後的血糖值，相差4mg/dL，此個案測試結果血糖振盪幅度小。
＊此為個案血糖實測結果，數據僅供參考。

空腹血糖值	食用後血糖值
104mg/ dL	100mg/ dL

材料

＊可可脂	50g
＊赤藻糖粉	45g
＊無糖可可粉	45g
＊鮮奶油	30g
＊可可碎	30g
＊香草莢	3公分

總克數：200g
製作分量：9顆
使用模具：愛心矽膠模

作法

1　用刀子將香草莢切開，刮出香草籽。

2　將可可脂隔水加熱至完全融化。

Tips 選用品質較好的可可脂可以為這道巧克力加分喔！

3　在可可脂中加入步驟1刮出的香草籽、赤藻糖粉、鮮奶油和無糖可可粉，並用矽膠刮刀攪拌均勻。

Tips 可以留一些可可粉作為最後裝飾喔！

4　加入可可碎後，盛入愛心模中。

5　放入冰箱冷凍一小時後，即可取出脫模。

6　撒上無糖可可粉後即完成。

珊珊老師的小叮嚀

1 可可碎巧克力無添加防腐劑，若吃不完建議先放於密封袋再放入冰箱，冷藏約可保存2天，冷凍約可保存2週，需盡快食用完畢。

2 冷凍取出後置於室溫，稍待回溫即可享用，不需加熱。

巧克力夾心派

這款巧克力夾心派和一般店家市售的風味簡直一模一樣，
可以讓人回味過去又能放心吃的小甜點。
不過因為無添加麵粉及其他物質，所以表面的巧克力會有些黏手，
雖然有些美中不足，但是無損它的美味。

每一份（約65g）

淨碳水化合物	2.2 g
碳水化合物	5.6 g
膳食纖維	3.6 g
蛋白質	5.2 g
脂肪	13.4 g
熱量	168.5 kcal

成分檢視	無麩質 ♕	適合飲食法	低碳/低醣 ♕	血糖測試 OK
	無乳製品		生酮 ♕	
	無雞蛋		根治	
	無精緻糖 ♕		低GI ♕	

測試人：蔡馨瑩
職　業：業務
年　齡：26歲

＊空腹狀態與食用100g一小時後的血糖值，相差11mg/dL，此個案測試結果血糖振盪幅度小。

＊此為個案血糖實測結果，數據僅供參考。

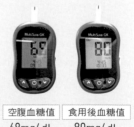

空腹血糖值	食用後血糖值
69mg/ dL	80mg/ dL

材料	總克數：800g 製作分量：12個

蛋糕體

＊杏仁粉	110g
＊椰子細粉	30g
＊無鋁泡打粉	4g
＊玫瑰鹽	1g
＊全蛋	4顆
＊赤藻糖醇	50g
＊酸奶油	40g
＊香草精	4g

夾心內餡

＊杏仁粉	20g
＊洋車前子粉	20g
＊鮮奶油	100g
＊赤藻糖粉	15g
＊香草精	4g

巧克力淋醬

＊鮮奶油	200g
＊可可膏	100g

作法

A 製作蛋糕體

1 先將烤箱以上下火170℃預熱。

2 取一個鋼盆，將杏仁粉、椰子細粉、無鋁泡打粉和玫瑰鹽放入，以手持打蛋器攪拌均勻。

3 取另一個鋼盆，將全蛋、赤藻糖醇、酸奶油和香草精放入，用調理棒攪拌均勻。

4 將步驟2的粉類材料加入步驟3的盆中，以調理棒攪拌均勻，再將麵糊放入擠花袋。

5 在烤盤鋪上烘焙紙或馬卡龍矽膠墊，將擠花袋呈垂直狀，從烤盤上擠出大小一致的形狀，並保持適當距離。

Tips🥄 使用馬卡龍矽膠墊的好處是可以讓每個蛋糕體都一樣大。

6 放入烤箱以170℃烘烤8分鐘後，將烤盤以水平旋轉180°再烘烤5分鐘，表面摸起來不沾黏且稍微有點硬度即可出爐。

B 製作夾心

7 取一個鋼盆，將杏仁粉和洋車前子粉放入，用手持打蛋器攪拌均勻備用。

8 取一個小鍋，放入鮮奶油和赤藻糖醇、香草精用小火加熱並一邊攪拌到糖溶解，再倒入步驟7的粉材攪拌均勻，夾心內餡即完成。

C 製作巧克力淋醬

9 取一個小鍋，將鮮奶油及可可膏放入，以溫度不超過50℃的小火加熱溫煮。

D 組裝

10 在蛋糕體放上夾心內餡，組裝成夾心派。

11 均勻淋上步驟9的巧克力淋醬即完成。淋好巧克力醬、放入冰箱冷凍1小時後最好吃。

Tips 1. 由於未添加麵粉及其他物質，所以做好後的表層巧克力醬會沾手是正常的喔！
     2. 巧克力夾心派實際用到的巧克力醬約為1/3，剩下的巧克力醬可以倒入矽膠模中冷凍，就成了好吃的巧克力囉！

珊珊老師的小叮嚀

1 淋好巧克力醬、放入冰箱冷凍1小時後最好吃。

2 烘焙成品無添加防腐劑，若吃不完建議先放於密封袋再放入冰箱，冷藏約可保存2天，冷凍約可保存2週，需盡快食用完畢。

3 從冰箱取出後置於室溫，待回溫即可享用，不需加熱。

藍莓克拉芙緹

這道料理簡單易上手，
介於布丁與蛋糕之間的口感，有種說不出特別。
喜愛藍莓的朋友可以多加一些，
或是搭配少許其他莓果類水果點綴。

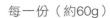

每一份（約60g）

〔食用分量約1/8個〕

淨碳水化合物	2.3 g
碳水化合物	4.5 g
膳食纖維	2.2 g
蛋白質	3.4 g
脂肪	8.1 g
熱量	95.8 kcal

成分檢視		適合飲食法		血糖測試
	無麩質 ♛		低碳/低醣 ♛	
	無乳製品		生酮 ♛	
	無雞蛋		根治 ♛	OK
	無精緻糖 ♛		低GI ♛	

測試人：陳姿穎
職　業：美甲師
年　齡：26歲

＊空腹狀態與食用100g一
　小時後的血糖值，相差
　8mg/dL，此個案測試
　結果血糖振盪幅度小。
＊此為個案血糖實測結
　果，數據僅供參考。

空腹血糖值	食用後血糖值
67mg/ dL	75mg/ dL

材料		
＊杏仁粉		110g
＊椰子細粉		20g
＊全蛋		2顆
＊鮮奶油		200g
＊赤藻糖醇		35 g
＊酸奶油		20 g
＊藍莓		些許

總克數：485g
製作分量：1份
使用模具：6吋活動圓模

作法

1 先將烤箱以上下火180℃預熱。

2 取一個鋼盆，放入杏仁粉、椰子細粉用手持打蛋器攪拌均勻。

3 取另一個鋼盆，放入全蛋、鮮奶油、赤藻糖醇和酸奶油，用調理棒攪打均勻。

4 將步驟2的粉類材料到入步驟3的材料中，用調理棒攪拌均勻，製作成蛋糊。

5 將蛋糊倒入圓形模中，再放上藍莓裝飾表面。

Tips 在蛋糕倒入圓形模前，可以先鋪烘培紙方便後續脫模喔！

------

6 放入烤箱，以上下火180℃烘烤20分鐘後，再將烤盤以水平旋轉180°再烘烤10分鐘，或是烤至表面上色即可出爐。

Tips 烘烤出爐放涼後，可依個人喜好在蛋糕表面撒上糖粉裝飾。

珊珊老師的小叮嚀

1 烘焙成品無添加防腐劑，若吃不完建議先放於密封袋再放入冰箱，冷藏約可保存2天，冷凍約可保存2週，需盡快食用完畢。

2 從冰箱取出後置於室溫，待回溫即可享用，不需加熱。

巧克力杏仁脆片

小時候喜歡吃巧克力脆片，
而且一定要在包裝袋內壓碎再吃。
這款改良的巧克力脆片同樣酥脆，也可以壓碎再吃喔！
不管作為平日的點心或是客人來訪時的招待小點都很適合，
不過巧克力易黏手，不適合作為外出零嘴。

每一份（約30g）

淨碳水化合物	**2.6** g
碳水化合物	4.1 g
膳食纖維	1.5 g
蛋白質	4 g
脂肪	10.7 g
熱量	120.3 kcal

成分檢視	無麩質 👑	適合飲食法	低碳/低醣 👑	血糖測試 OK
	無乳製品		生酮 👑	
	無雞蛋 👑		根治	
	無精緻糖 👑		低GI 👑	

測試人：劉嘉玲
職　業：護理師
年　齡：37歲

＊空腹狀態與食用100g一小時後的血糖值，相差7mg/dL，此個案測試結果血糖振盪幅度小。
＊此為個案血糖實測結果，數據僅供參考。

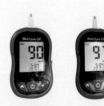

空腹血糖值	食用後血糖值
90mg/dL	97mg/dL

材料

＊可可膏	100g
＊鮮奶油	120g
＊杏仁片	90g
＊杏仁角	50g

總克數：360g
製作分量：12片

作法

1 以上下火低溫100℃烘烤杏仁片及杏仁角約25分鐘，稍微上色即可，置涼備用。

2 取一個小鍋，放入可可膏和鮮奶油以小火隔水加熱，溫度不可超過50℃。

Tips 隔水加熱巧克力時，一定要使用溫度計進行控溫，避免溫度過高造成油水分離。

3 可可膏融化後加入杏仁片及杏仁角，用刮刀攪拌均勻。

4 在烤盤鋪上烘焙紙，並將拌好的材料依照自己喜歡的形狀鋪平，放入冰箱冷凍一小時即完成。

Tips 耐心的鋪排好每份脆片，不規則形狀充滿手作的成就感。

珊珊老師的小叮嚀

1 製作完成放入冰箱冷凍1小時最好吃。

2 烘焙成品無添加防腐劑，若吃不完建議先放於密封袋再放入冰箱，冷藏約可保存2天，冷凍約可保存2週，需盡快食用完畢。

偽黑糖糕

黑糖糕是澎湖名產之一，
通常會加入樹薯粉或太白粉創造Q彈的口感，
這款低醣版的偽黑糖糕不加入這些粉材，一樣能創造出相似的口感。
以羅漢果糖取代黑糖，氣味雖然少了一些，但更為健康。

每一份（約55g）

〔食用分量約1/4份〕

淨碳水化合物	1 g
碳水化合物	6 g
膳食纖維	5 g
蛋白質	5.5 g
脂肪	7.5 g
熱量	95.5 kcal

成分檢視	無麩質	♛	適合飲食法	低碳/低醣	♛
	無乳製品	♛		生酮	♛
	無雞蛋	♛		根治	♛
	無精緻糖	♛		低GI	♛

血糖測試 OK

測試人：劉志偉
職　業：上班族
年　齡：43歲

＊空腹狀態與食用100g一小時後的血糖值，相差12mg/dL，此個案測試結果血糖振盪幅度小。
＊此為個案血糖實測結果，數據僅供參考。

空腹血糖值	食用後血糖值
106mg/dL	94mg/dL

材料		
＊杏仁粉	50g
＊洋車前子粉	15g
＊乳清蛋白粉	10g
＊無鋁泡打粉	4g
＊無糖可可粉	2g
＊肉桂粉	1g
＊羅漢果糖	60g
＊熱開水	75g
＊白芝麻	適量

總克數：215g
製作分量：1個
使用模具：方形耐熱玻璃容器

作法

1 取一個鋼盆，倒入杏仁粉、洋車前子粉、乳清蛋白粉、無鋁泡打粉、無糖可可粉和肉桂粉，以手持打蛋器混合均勻。

2 準備另一個小碗，放入羅漢果糖和熱開水攪拌均勻。

3 將羅漢果水倒入步驟1的粉類材料盆中，以手持打蛋器快速攪拌均勻。

Tips 需快速攪拌，以避免糕糊結塊喔！

4 將糕糊倒入玻璃器皿中，再撒上少許白芝麻。放入水滾的蒸鍋中，蒸20分鐘即完成。

珊珊老師的小叮嚀

1 偽黑糖糕剛蒸好溫溫的最好吃喔！

2 烘焙成品無添加防腐劑，若吃不完建議先放於密封袋再放入冰箱，冷藏約可保存2天，冷凍約可保存2週，需盡快食用完畢。

3 從冰箱取出後，可以放入電鍋加熱（外鍋加半杯水）即可享用。

巧克力牛軋糖

很多人問我為什麼可以一直改良創作出低醣版的點心，
其實…就是因為愛吃啊！
就像有一天突然好懷念牛軋糖的嚼勁，
就動手製作出這款低醣版的牛軋糖，
一解我的相思之苦。

每一份（約20g）

淨碳水化合物	**1** g
碳水化合物	**1.6** g
膳食纖維	**0.6** g
蛋白質	**6.8** g
脂肪	**4.8** g
熱量	**73.6** kcal

成分檢視		適合飲食法		血糖測試
無麩質	♛	低碳/低醣	♛	
無乳製品		生酮	♛	
無雞蛋	♛	根治	♛	OK
無精緻糖	♛	低GI	♛	

測試人：郭易詔
職　業：上班族
年　齡：31歲

＊空腹狀態與食用100g一小時後的血糖值，相差10mg/dL，此個案測試結果血糖振盪幅度小。
＊此為個案血糖實測結果，數據僅供參考。

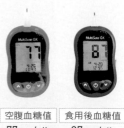

空腹血糖值	食用後血糖值
77mg/ dL	87mg/ dL

1 成品無添加防腐劑，若吃不完建議先放於密封袋再放入冰箱，冷藏約可保存2天，冷凍約可保存2週，需盡快食用完畢。

2 從冰箱取出後可直接食用，不用加熱。

總克數：405g
製作分量：20條
使用模具：正方形慕斯模

＊乳清蛋白　　　　　120g
＊赤藻糖粉　　　　　60g
＊開水　　　　　　　45g
＊核桃醬　　　　　　20g

＊鮮奶油　　　　　　50g
＊可可膏　　　　　　50g
＊夏威夷豆　　　　　60g

作法

1　取一個鋼盆，放入乳清蛋白、赤藻糖粉，用手混合均勻備用。

2　把水加入核桃醬中用筷子攪拌均勻。

3　將步驟2的核桃醬倒入步驟1的材料中，戴上手套用手捏拌均勻備用。

Tips　每款乳清蛋白需加的水量不一，建議可將步驟2調好的核桃醬分3次加入。戴上手套較不易黏手喔！

4　取一個小鍋，放入可可膏、鮮奶油，以小火隔水加熱，溫度不可超過50℃。

Tips　隔水加熱時，一定要使用溫度計進行控溫，避免溫度過高造成油水分離。

5　將步驟3的粉糰加入步驟4的可可膏中，用手捏勻後加入夏威夷豆繼續用手拌勻。

6　在模型中鋪上烘焙紙，再將巧克力糊倒入，放入冰箱冷凍2小時。

7　取出後切成條狀即完成。

巧克力塔

酥香的塔皮、絲滑濃郁的巧克力，
這個迷人的巧克力塔是我每隔一陣子就會想要烤來吃的小甜點。
研究顯示，濃度高的純可可所含的鎂具有克服抑鬱、
增強記憶力、提高免疫力等作用，有助緩解精神壓力，
擁有這些好處，讓人更放心的吃它了呢！

每一份（約15g）

淨碳水化合物	2.2 g
碳水化合物	3.9 g
膳食纖維	1.7 g
蛋白質	2.5 g
脂肪	9.8 g
熱量	109.9 kcal

成分檢視	無麩質	♔	適合飲食法	低碳/低醣	♔	血糖測試 OK
	無乳製品			生酮	♔	
	無雞蛋			根治	♔	
	無精緻糖	♔		低GI	♔	

測試人：李佳諭
職　業：護理師
年　齡：24歲

＊空腹狀態與食用100g一
小時後的血糖值，相差
2mg/dL，此個案測試
結果血糖振盪幅度小。
＊此為個案血糖實測結
果，數據僅供參考。

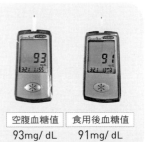

空腹血糖值	食用後血糖值
93mg/ dL	91mg/ dL

材料

塔皮

＊杏仁粉	90g
＊無鹽奶油	25g
＊蛋液	20g
＊赤藻糖粉	15g

巧克力內餡

＊鮮奶油	120g
＊可可膏	90g

作法

A　製作塔皮

1　先將烤箱以上下火170℃預熱。

2　取一個鋼盆，放入赤藻糖粉和杏仁粉以手
持打蛋器混合均勻。

3　將室溫下軟化的奶油放入步驟2粉類材料
中，用手混合捏成團狀。

4　加入蛋液，用手捏拌均勻成團。

5　將麵糰分成每顆10g捏入塔模中。

Tips♪ 塔皮需要多練習幾次才能呈現漂亮形狀。

6　用叉子將塔模底部的麵糰戳數個小洞。

7　放入烤箱以上下火170℃烘烤15分鐘後，周
　　圍上色可出爐。

B　製作巧克力內餡

8　取一個小鍋，放入可可膏跟鮮奶油以小火
　　隔水加熱，溫度不可超過50℃。

Tips　隔水加熱巧克力時，一定要使用溫度計進行控
　　　溫，避免溫度過高造成油水分離。

C　組裝

9　將巧克力內餡倒入塔模中，放入冰箱冷藏2
　　小時後即完成。

珊珊老師的小叮嚀

1　製作完成放入冰箱冷藏2小時後最好吃。

2　烘焙成品無添加防腐劑，若吃不完建議先放於密封袋再放入冰箱，
　　冷藏約可保存2天，冷凍約可保存2週，需盡快食用完畢。

3　從冰箱取出後可直接食用，不用加熱。

蔓越莓油磚

炎炎夏日，總是讓人想大口吃冰，
這款以蔓越莓果醬、椰子油製作而成的冰磚，酸甜冰涼，非常消暑。
可利用不同的冰盒形狀，製作成吸睛造型。

每一份（約10g）

淨碳水化合物	**0.2 g**
碳水化合物	0.3 g
膳食纖維	0.1 g
蛋白質	0 g
脂肪	7.1 g
熱量	65.7 kcal

成分檢視	無麩質	♛	適合飲食法	低碳/低醣	♛	血糖測試 OK
	無乳製品	♛		生酮	♛	
	無雞蛋	♛		根治	♛	
	無精緻糖	♛		低GI	♛	

測試人：Grace
職　業：上班族
年　齡：25歲

＊空腹狀態與食用100g一小時後的血糖值，相差7mg/dL，此個案測試結果血糖振盪幅度小。
＊此為個案血糖實測結果，數據僅供參考。

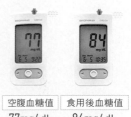

空腹血糖值	食用後血糖值
77mg/ dL	84mg/ dL

材料

總克數：70g
製作分量：7顆
使用模具：方格冰塊矽膠模

＊椰子油　　　　　　50g
＊蔓越莓果醬　　　　20g

作法

1　以小火隔水加熱椰子油。

2　將液態椰子油倒入油磚盒至一半高度，放入冰箱冷凍1小時。

3　將剩餘椰子油隔水加熱後，倒入蔓越莓果醬以調理棒攪拌均勻再置涼。

4　待蔓越莓油醬降溫至25℃，再倒入步驟2的冰磚盒中，繼續冷凍2小時即完成。

　小叮嚀：蔓越莓跟椰子油要用調理棒打才會均勻喔！

〜 生巧克力 〜

微苦的生巧克力搭配上一杯熱咖啡，就是療癒我心的下午茶點心。
巧克力會使身體分泌一種感到快樂幸福的物質，心情不好或壓力大時，
不妨來點巧克力，對於舒緩情緒很有幫助。

每一份（約10g）		
淨碳水化合物	**1.8**	**g**
碳水化合物	2.9	g
膳食纖維	1.1	g
蛋白質	1	g
脂肪	4	g
熱量	49.3	kcal

成分檢視	無麩質	♔	適合飲食法	低碳/低醣	♔	血糖測試 OK
	無乳製品			生酮	♔	
	無雞蛋	♔		根治	♔	
	無精緻糖	♔		低GI	♔	

測試人：李蕙蓉
職　業：行政人員
年　齡：32歲

＊空腹狀態與食用100g一
　小時後的血糖值，相差
　7mg/dL，此個案測試
　結果血糖振盪幅度小。
＊此為個案血糖實測結
　果，數據僅供參考。

空腹血糖值	食用後血糖值
92mg/ dL	99mg/ dL

材料

＊可可膏	200g
＊鮮奶油	100g
＊無鹽奶油	15g
＊無糖可可粉	適量

總克數：315g
製作分量：31個
使用模具：方格冰塊矽膠模

小叮嚀：

1 成品無添加防腐劑，若吃不完建
　議密封冷凍，約可保存2週，需
　盡快食用完畢。

2 食用前再撒上無糖可可粉。

作法

1　取一個小鍋，放入可可膏、鮮奶油、
　　奶油，以小火隔水加熱，溫度不可超
　　過50℃。

Tips 隔水加熱時，一定要使用溫度計進行控
　　　溫，避免溫度過高造成油水分離。

2　將可可糊倒入冰塊矽膠模中，放入冰
　　箱冷凍1小時後，即可脫模取出。

3　食用前，可在巧克力表面撒上過篩後
　　的無糖可可粉，增加濃郁口感。

Chapter Five

麵包&鹹點

早餐吃什麼？來片低醣奶油吐司吧！
肚子餓吃什麼？蛋包飯、大阪燒快速止飢，
朋友聚會吃什麼？彭湃鹹派吸睛美味。
多款麵包鹹點，豐富你的生活。

⌒ 香蔥蒜棒 ⌒

以前愛吃麵包的我，最喜歡吃鹹香類的麵包，
這款香蔥蒜棒正是我愛的口味。
口感介於麵包及司康中間，做成小巧的棒狀，
很適合作為外出野餐的小點心。

每一份（約20g）

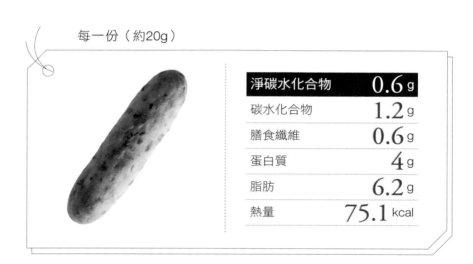

淨碳水化合物	0.6 g
碳水化合物	1.2 g
膳食纖維	0.6 g
蛋白質	4 g
脂肪	6.2 g
熱量	75.1 kcal

成分檢視	無麩質 ♔	適合飲食法	低碳/低醣 ♔	血糖測試 OK
	無乳製品		生酮 ♔	
	無雞蛋		根治 ♔	
	無精緻糖 ♔		低GI ♔	

測試人：Sidney
職　業：上班族
年　齡：38歲

＊空腹狀態與食用100g一
小時後的血糖值，相差
1mg/dL，此個案測試
結果血糖振盪幅度小。
＊此為個案血糖實測結
果，數據僅供參考。

空腹血糖值	食用後血糖值
93mg/ dL	92mg/ dL

材料		
＊杏仁粉		120g
＊乾蔥		5g
＊無鋁泡打粉		2.5g
＊洋蔥粉		2g
＊玫瑰鹽		1g
＊莫札瑞拉起司		180g
＊奶油乳酪		40g
＊全蛋		1顆

作法

總克數：400g
製作分量：20條

1 先將烤箱以上下火180℃預熱。

2 取一個鋼盆，倒入杏仁粉、洋蔥粉、無鋁泡打粉、玫瑰鹽和乾蔥，用手持打蛋器混合均勻。

Tips 香蔥也可依個人喜好換成其他香料。

3 將莫札瑞拉起司以中低火微波加熱30秒，再加入奶油乳酪並用手揉捏混合成團狀。

4 加一顆蛋至步驟3的乳酪糰中，用手揉均勻。

5 將步驟2的粉類材料倒入步驟4乳酪糰中，繼續以手揉均勻。

6 將麵糰分切成每顆20g，並用手揉整成條狀。

Tips 趁熱較好塑形，可捏成自己想要的形狀。

----

7 放入烤箱，以上下火180℃烘烤15分鐘，至表面金黃即可出爐。

珊珊老師的小叮嚀

1 烘焙成品無添加防腐劑，若吃不完建議先放於密封袋再放入冰箱，冷藏約可保存2天，冷凍約可保存2週，需盡快食用完畢。

2 如冷凍取出後，可放入烤箱以上下火各90℃烘烤15分鐘。

3 解凍後建議當天食用完畢，避免影響口感及品質。

超簡單奶油土司

這是一款尺寸小巧、分量剛好的奶油土司，
單吃可品嘗到奶油香氣，
也可以抹上自製莓果醬，增添口味變化。
作為小朋友的早餐或是外出郊遊的點心都很適合。

每一份（約40g）

〔食用分量約1/10片〕

淨碳水化合物	0.8 g
碳水化合物	1.8 g
膳食纖維	0.8 g
蛋白質	3.1 g
脂肪	10.7 g
熱量	111.9 kcal

成分檢視	無麩質	♔	適合飲食法	低碳/低醣	♔	血糖測試 OK
	無乳製品	♔		生酮	♔	
	無雞蛋	♔		根治	♔	
	無精緻糖	♔		低GI	♔	

測試人：劉榮三
職　業：上班族
年　齡：32歲

＊空腹狀態與食用100g一
小時後的血糖值，相差
15mg/dL，此個案測試
結果血糖振盪幅度小。

＊此為個案血糖實測結
果，數據僅供參考。

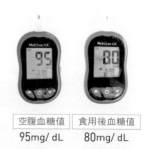

空腹血糖值	食用後血糖值
95mg/ dL	80mg/ dL

材料

＊杏仁粉	75g
＊無鋁泡打粉	4g
＊無鹽奶油	90g
＊全蛋	3顆

作法

1　先將烤箱以上下火180℃預熱。

2　取一個鋼盆，放入杏仁粉與無鋁泡打粉，用手持打蛋器混合均勻。

3　取另一個鋼盆，把融化後的奶油、全蛋以手持打蛋器攪拌均勻。

4　將步驟2的粉類材料倒入步驟3的奶油中，繼續以手持打蛋器攪拌均勻。

5　將麵糊倒入模具中，以上下火180℃烘烤20分鐘，將烤盤以水平旋轉180°再烘烤10分鐘，表面凸起呈金黃色澤即可出爐。

Tips　若以尺寸較大的模具烘烤，香氣可能會減弱喔！

6　出爐後脫模即完成。

珊珊老師的小叮嚀

1 烘焙成品無添加防腐劑，若吃不完建議先放於密封袋再放入冰箱，冷藏約可保存2天，冷凍約可保存2週，需盡快食用完畢。

2 從冰箱取出，可在平底鍋放一點奶油並以煎土司的方式加熱回溫即可。

法式鮭魚蘆筍鹹派

鮭魚含有豐富的omega-3脂肪酸，
有益心血管健康，營養價值高，是我很喜歡運用的食材之一。
這款鹹派以橘色的鮭魚、綠色的蘆筍、黃色的奶油，
組合成色澤、香氣、營養兼具的美味點心。

每一份（約90g）

〔食用分量約1/6片〕

淨碳水化合物	2.5 g
碳水化合物	3.8 g
膳食纖維	1.3 g
蛋白質	8.5 g
脂肪	24.8 g
熱量	268.3 kcal

成分檢視	無麩質 ♔	適合飲食法	低碳/低醣 ♔	血糖測試 OK
	無乳製品		生酮 ♔	
	無雞蛋		根治	
	無精緻糖 ♔		低GI ♔	

測試人：王麗蘭
職　業：護理師
年　齡：32歲

＊空腹狀態與食用100g一
小時後的血糖值，相差
4mg/dL，此個案測試
結果血糖振盪幅度小。
＊此為個案血糖實測結
果，數據僅供參考。

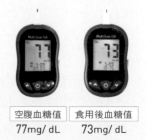

空腹血糖值	食用後血糖值
77mg/ dL	73mg/ dL

![材料]

> 總克數：556g
> 製作分量：1片
> 使用模具：8吋分離派模

派皮

＊杏仁粉	150g
＊無鹽奶油	60g
＊羅漢果糖	15g
＊玫瑰鹽	適量
＊蛋黃	2顆

內餡

＊燻鮭魚4片	150克
＊蘆筍6支	15克
＊雙色起司	55g

奶蛋液

＊鮮奶油	100g
＊全蛋	1顆
＊橄欖油	10g
＊胡椒粉	適量
＊玫瑰鹽	適量

![作法]

A 製作派皮

1 先將烤箱以上下火170℃預熱。

2 將杏仁粉與室溫下軟化後的奶油、羅漢果糖、玫瑰鹽和蛋全部用手揉捏成團狀。

3 將麵糰均勻鋪入塔模中，再用叉子於底部戳數個小洞。

Tips 派皮需要多練習幾次才能呈現漂亮形狀。

----

4 放入烤箱以上下火170℃烘烤10分鐘，將烤盤以水平旋轉180°再烘烤8分鐘，直到周圍上色即可。

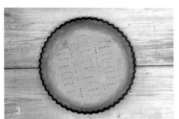

B 製作內餡

5 乾煎鮭魚直到表面呈金黃色澤即可，內部不夠熟沒關係，後面的步驟會再烤過喔！

6 在烤好的塔皮內鋪上雙色起司。

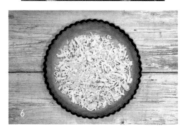

7 將蘆筍留下頂部的5公分後，其餘切成長度 0.5公分的大小。

8 將小段蘆筍均勻鋪在塔皮內。

9 將大段蘆筍依傘狀鋪在塔皮內。

10 在大段蘆筍間鋪放上鮭魚。

Tips 食材可依個人喜好自由擺放。

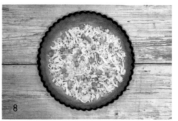

C 製作奶蛋液

11 將全部「奶蛋液」材料放入容器中，用調理棒攪打均勻。

12 將打好的奶蛋液倒入塔皮內。

D 烘烤

13 放入烤箱以上下火180℃烘烤20分鐘，直到奶蛋液凝固、不再流動即可出爐。

珊珊老師的小叮嚀

1 烘焙成品無添加防腐劑，若吃不完建議先放於密封袋再放入冰箱，冷藏約可保存2天，冷凍約可保存2週，需盡快食用完畢。

2 從冰箱取出後，放入烤箱以上下火100℃烘烤10分鐘即可享用。

～ 大阪燒 ～

源於日本的大阪燒，稍作改良後變成我喜歡的台灣味。
滿滿的蔬菜，表面再擠上自製美乃滋、撒上海苔粉或柴魚片，
就是一道美味的小吃。
也可以發揮創意搭配其他低碳水的食材喔！

每一份（約80g）

淨碳水化合物	3.3 g
碳水化合物	5.5 g
膳食纖維	2.2 g
蛋白質	8 g
脂肪	14.5 g
熱量	178 kcal

成分檢視	無麩質	♔	適合飲食法	低碳/低醣	♔	血糖測試 OK	測試人：Grace 職　業：上班族 年　齡：25歲
	無乳製品	♔		生酮			＊空腹狀態與食用100g一小時後的血糖值，相差1mg/dL，此個案測試結果血糖振盪幅度小。
	無雞蛋			根治			＊此為個案血糖實測結果，數據僅供參考。
	無精緻糖	♔		低GI	♔		

空腹血糖值 93mg/ dL　食用後血糖值 94mg/ dL

材料

＊高麗菜絲	60g
＊紅蘿蔔絲	10g
＊洋蔥絲	15g
＊全蛋	1顆
＊杏仁粉	15g
＊洋車前子粉	1g
＊玫瑰鹽	適量

＊薄片豬五花	1片
＊海苔粉	適量
＊紫蘇油	10g
＊橄欖油	5g
＊美乃滋	適量
＊柴魚片	適量

總克數：168g
製作分量：2個

作法

1 取一個鋼盆，放入高麗菜絲、紅蘿蔔絲、洋蔥絲、全蛋、玫瑰鹽，用手拌均勻。

2 在步驟1中，加入杏仁粉、洋車前子粉，用手拌均勻備用。

Tips 洋車前子粉需均勻分散加入，以避免結塊。

3 在平底鍋中加入5g橄欖油加熱，將步驟2的麵糊放入，以小火煎3分鐘，稍微上色即可。

4 把薄片豬五花放平底入鍋煎熟，並將大阪燒翻面再煎3分鐘，煎熟即可盛盤。

5 將豬五花放在大阪燒表面，組裝盛盤後淋上紫蘇油。

6 擠上美奶滋、灑上海苔粉或柴魚片即完成。

珊珊老師的小叮嚀

因使用新鮮蔬菜製作，建議製作好立即享用。若吃不完建議先放於密封袋再放入冰箱，冷藏約可保存2天，冷凍約可保存2週，需盡快食用完畢。

偽蛋包飯

去日本旅遊時，
發現他們的蛋包飯有著多變的風味，
曾品嘗過獨特的蛋皮包肉末，帶給我製作這道料理的靈感。
用肉燥取代了原來的內餡，加入了濃濃的台灣味，
作為正餐或點心都很適合。

每一份（約120g）

淨碳水化合物	3.3 g
碳水化合物	3.7 g
膳食纖維	0.3 g
蛋白質	18 g
脂肪	18.3 g
熱量	253.3 kcal

成分檢視	無麩質	♛	適合飲食法	低碳/低醣	♛
	無乳製品	♛		生酮	♛
	無雞蛋			根治	♛
	無精緻糖	♛		低GI	♛

血糖測試 **OK**

測試人：Alan
職　業：上班族
年　齡：24歲

＊空腹狀態與食用100g一小時後的血糖值，相差0mg/dL，此個案測試結果血糖振盪幅度小。

＊此為個案血糖實測結果，數據僅供參考。

空腹血糖值	食用後血糖值
91mg/dL	91mg/dL

1 因為成品無添加防腐劑,若吃不完建議先放於密封袋再放入冰箱,冷藏約可保存2天,冷凍約可保存2週,需盡快食用完畢。

2 從冰箱取出後,可以微波或電鍋加熱後品嘗。

材料

總克數：366g
製作分量：3 個

肉末

＊橄欖油	10g
＊蒜頭（切碎）	1瓣
＊洋蔥（切碎）	25g
＊絞肉	200g
＊醬油	20g
＊羅漢果糖	3g

＊白胡椒粉	適量
＊印加果油	適量

蛋皮

＊洋車前子粉	1g
＊開水	20g
＊全蛋	2顆
＊橄欖油	10g

作法

A 炒肉末

1 在平底鍋中倒入10g橄欖油加熱後，放入蒜末炒香，再放入洋蔥拌炒一下。

2 加入絞肉繼續拌炒，一邊炒一邊將結塊的絞肉拌成肉末。

3 加入醬油和羅漢果糖快炒30秒，再均勻撒上白胡椒粉並淋上印加果油後，盛起置涼備用。

B 製作蛋皮

4 取一個小碗，加入洋車前子粉、開水，用湯匙攪拌混合成液狀。

Tips｜加了洋車前子粉的蛋皮較不容易破喔！

5 在步驟4加入全蛋，用調理棒攪打均勻。

6 在平底鍋中放入10g橄欖油加熱後，倒入蛋液，輕微搖晃平底鍋（鍋底直徑約20公分），使蛋液平均分布，小火煎熟後翻面再煎一下即可盛起。

Tips｜熱鍋時不要過燙，倒入時蛋液時需迅速平行旋轉搖晃、使蛋液佈滿整個平底鍋，煎出的蛋皮才會漂亮。

7 將一個小碗鋪好保鮮膜，放入煎好的蛋皮，加入炒好的肉末，將蛋包飯包覆起來並靜置5分鐘即完成。

珊珊老師的小叮嚀

1 烘焙成品無添加防腐劑，若吃不完建議先放於密封袋再放入冰箱，冷藏約可保存2天，冷凍約可保存2週，需盡快食用完畢。

2 從冰箱取出後，放入烤箱以上下火100℃烘烤10分鐘後即可享用。

·38·

〜 打拋豬披薩 〜

每次做這道披薩上桌，大家都驚呆了！
這真的是低醣點心嗎？看起來和一般披薩沒什麼差別呀！
雖然備料和製作步驟稍微繁複了些，
但是成果出爐，絕對讓你大感值得喔！

每一份（約120g）

〔食用分量約1/6片〕

淨碳水化合物	**3** g
碳水化合物	5.5 g
膳食纖維	2.5 g
蛋白質	20.4 g
脂肪	30.7 g
熱量	375 kcal

成分檢視			適合飲食法			血糖測試 OK	
	無麩質	♛		低碳/低醣	♛		
	無乳製品			生酮	♛		
	無雞蛋			根治			
	無精緻糖	♛		低GI	♛		

測試人：李思賢
職　業：醫師
年　齡：28歲

＊空腹狀態與食用100g一
小時後的血糖值，相差
13mg/dL，此個案測試
結果血糖振盪幅度小。
＊此為個案血糖實測結
果，數據僅供參考。

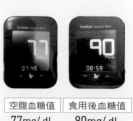

空腹血糖值	食用後血糖值
77mg/ dL	90mg/ dL

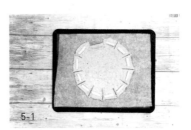

材料

總克數：715g
製作分量：1片（直徑約18公分）

披薩皮

＊杏仁粉	70g
＊帶皮杏仁粉	20g
＊亞麻仁籽粉	15g
＊義式香料	2g
＊玫瑰鹽	適量
＊全蛋	1顆
＊莫札瑞拉起司絲	160g
＊奶油乳酪	40g
＊條狀莫札瑞拉起司	25g

打拋豬肉

＊豬油	20g
＊絞肉	150g
＊辣椒（切碎）	半根
＊大蒜（切碎）	6-7瓣
＊牛番茄（切丁）	30g
＊九層塔（切碎）	適量
＊白胡椒粉	適量
＊玫瑰鹽	適量
＊小番茄（切片）	15g
＊雙色起司	40g

醬料

＊醬油	20g
＊赤藻糖醇	10g
＊檸檬汁	30g

表面

＊印加果油	10g

作法

A 製作披薩皮

1 先將烤箱以上火180℃、下火150℃預熱。

2 取一個鋼盆，放入杏仁粉、帶皮杏仁粉、亞麻仁籽粉、義式香料和玫瑰鹽，混合均勻。

3 將奶油乳酪加熱軟化後，加入莫札瑞拉起司絲，用手捏成團狀。

4 在步驟3的材料中加入全蛋與步驟2的粉材，用手捏成披薩麵糰。

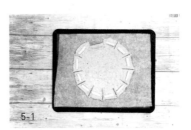

5-1

5-2

6

5 將烤盤鋪上烘焙紙，放上披薩麵糰按壓成扁平圓形後，用刀子在周圍等距分切數刀，在邊緣鋪上條狀莫札瑞拉起司，再往內捲起，形成外厚內薄的餅皮。

6 用叉子在麵糰底部戳小洞備用，不需先入烤箱。

B 製作打拋豬肉

7 在平底鍋加入豬油，放入絞肉拌炒一下，再加入大蒜、辣椒繼續拌炒。

8 加入牛番茄丁，拌炒20秒後，再加入九層塔快速拌炒。

Tips 九層塔後面步驟還要用，注意這裡別加完喔！
----

9 最後加入白胡椒粉、玫瑰鹽和所有的「醬料類」材料快速拌炒備用。

C 組合

10 在披薩皮內鋪上30g雙色起司。

11 將炒好的打拋豬肉放入披薩內並鋪平。

12 在表面放上九層塔葉、小番茄片、10g雙色起司。

13 放入烤箱，以上火180℃、下火150℃烘烤15分鐘。

14 在烤好的打拋豬肉披薩淋上適量印加果油後即完成。

1 烘焙成品無添加防腐劑,若吃不完建議先放於密封袋再放入冰箱,冷藏約可保存2天,冷凍約可保存2週,需盡快食用完畢。

2 從冰箱取出後,放入烤箱以上下火100℃烘烤10分鐘後即可享用。

太陽蔥仔胖

這道太陽蔥仔胖很適合當作早餐。
將剛烤出爐的蔥仔胖一刀切下，
緩緩流下的半熟蛋黃，光看就覺得療癒。
蛋液拌著麵包一口咬下，滑潤美味。

每一份（約135g）

〔食用分量約1/2個〕

淨碳水化合物	4 g
碳水化合物	7.5 g
膳食纖維	3.5 g
蛋白質	24 g
脂肪	33.5 g
熱量	418.3 kcal

成分檢視		適合飲食法		血糖測試	
無麩質	♛	低碳/低醣	♛		
無乳製品		生酮	♛		
無雞蛋		根治	♛		
無精緻糖	♛	低GI	♛	OK	

測試人：楊仲皓
職　業：民宿老闆
年　齡：42歲

＊空腹狀態與食用100g一小時後的血糖值，相差2mg/dL，此個案測試結果血糖振盪幅度小。
＊此為個案血糖實測結果，數據僅供參考。

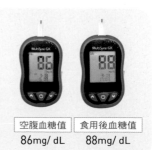

空腹血糖值	食用後血糖值
86mg/ dL	88mg/ dL

總克數：540g
製作分量：2顆

麵包體

＊杏仁粉	120g
＊乾蔥	5g
＊洋蔥粉	2g
＊玫瑰鹽	1g
＊無鋁泡打粉	2.5g
＊莫札瑞拉起司	180g
＊奶油乳酪	40g
＊全蛋	1顆

內餡

＊生火腿	2片
＊高麗菜絲	50g
＊全蛋	2顆
＊起司粉	適量

作法

A 製作麵包體

1 先將烤箱以上火180℃、下火150℃預熱。

2 取一個鋼盆，放入杏仁粉、無鋁泡打粉、洋蔥粉、玫瑰鹽和乾蔥，用手混合均勻。

3 分別將奶油乳酪和莫札瑞拉起司加熱軟化後，把兩樣材料用手捏成團狀。

4 在步驟3的乳酪中加入一顆全蛋後繼續用手拌揉均勻。

5 將步驟2的粉類材料倒入步驟4的材料後，用手拌勻成團。

6 將麵糰滾成長條狀，再堆捲起來。

6-1

B 製作內餡

7 在捲起的麵糰中間放入火腿片。

8 加入高麗菜絲後再撒上起司粉。

9 在起司粉上方打入一顆全蛋。

6-2

C 烘烤

10 放入烤箱，以上火180℃、下火150℃烘烤
　 15分鐘，將烤盤以水平旋轉180°再烘烤5分
　 鐘，直到表面呈金黃色澤即可出爐。

7

Tips 1. 麵包在烘烤時，會不斷膨脹，如果想要定型也
　　　 可以裝入不沾黏的模具中。
　　　2. 烘烤時需注意下火溫度不能太高。

8

9

韭菜寶盒

小時候下課後媽媽常常會先買個韭菜盒讓我充飢，
所以對這個味道非常懷念。
韭菜盒作法雖然繁複，
但美味程度絕對值得你花時間製作。

每一份（約360g）

淨碳水化合物	4.3 g
碳水化合物	23.3 g
膳食纖維	19 g
蛋白質	24.3 g
脂肪	33.3 g
熱量	419 kcal

成分檢視	無麩質	♛	適合飲食法	低碳/低醣	♛	血糖測試 OK
	無乳製品			生酮	♛	
	無雞蛋			根治	♛	
	無精緻糖	♛		低GI	♛	

測試人：黃家鋐
職　業：學生
年　齡：21歲

＊空腹狀態與食用100g一小時後的血糖值，相差0mg/dL，此個案測試結果血糖振盪幅度小。
＊此為個案血糖實測結果，數據僅供參考。

空腹血糖值	食用後血糖值
81mg/ dL	81mg/ dL

材料

總克數：1075g
製作分量：3個

內餡

＊絞肉	150g
＊韭菜（切碎）	250g
＊青蔥（切碎）	25g
＊全蛋	2顆
＊橄欖油	10g

餅皮

＊乾燥豬皮	50g
＊杏仁粉	50g
＊洋車前子粉	50g
＊全蛋	1顆
＊開水	350g
＊玫瑰鹽	適量

醬汁

＊麻油	10g
＊醬油	10g
＊白胡椒粉	3g
＊玫瑰鹽	1g

油煎

＊橄欖油	10g

作法

A 製作內餡

1 將絞肉用手甩打到有點黏性。

2 將「醬汁類」的所有材料放入絞肉中。

3 放入蔥花和韭菜，用手攪拌均勻後放入冰箱冷凍一小時。

4 在平底鍋倒入橄欖油10g，加入蛋拌炒並盛裝後，與步驟3的生絞肉攪拌均勻備用。

Tips 這裡還沒有要炒熟絞肉喔！是生絞肉先跟熟的炒蛋混合。

B 製作餅皮

5　將乾燥豬皮壓碎。

6　取一個鋼盆，將杏仁粉、洋車前子粉、乾燥豬皮和玫瑰鹽，用手持打蛋器攪拌均勻備用。

7　取另一個鋼盆，將蛋和常溫開水用調理棒攪拌均勻。

8　將步驟6的粉類材料和步驟7的蛋液混合，用手捏成團狀。

9　將麵糰秤重約170g並以擀麵棍擀平，再鋪上步驟4約120g的內餡。

10　將邊緣包起，可沾一些水增加黏性。

- -
Tips 包餡時務必慢慢包入再修飾邊緣。
- -

C 油煎

11　在平底鍋中放入橄欖油10g，將包好的韭菜寶盒放入，加蓋小火慢煎，至表面呈金黃色澤後翻面，一樣加蓋小火煎熟即完成。

- -
Tips 因這個韭菜寶盒是有厚度的，需要加蓋小火慢煎，共需費時20分鐘左右喔！
- -

珊珊老師的小叮嚀

1　烘焙成品無添加防腐劑，若吃不完建議先放於密封袋再放入冰箱，冷藏約可保存2天，冷凍約可保存2週，需盡快食用完畢。

2　從冰箱取出後，用平底鍋加熱即可享用。

Chapter Six

抹醬&果醬

新鮮的莓果醬、
綿密濃郁的奶油核桃醬，
加入醬料為餅乾麵包
撞擊出新的口感。

⌒ 蛋黃沙拉醬 ⌒

酸甜的蛋黃沙拉醬很適合用於各式料理中，
生菜沙拉、p.186的大阪燒、塗抹於p.179的奶油吐司，
與料理一起入口，
調和乳化的口感，讓料理更加分！
可以取代一般的美乃滋使用喔！
蛋黃沙拉醬建議都要冷藏保存，
一週內使用完畢。

每1湯匙（約15g）

淨碳水化合物	0.1 g
碳水化合物	0.1 g
膳食纖維	0 g
蛋白質	0.2 g
脂肪	11.1 g
熱量	100.7 kcal

成分檢視	無麩質	♕	適合飲食法	低碳/低醣	♕
	無乳製品	♕		生酮	♕
	無雞蛋			根治	♕
	無精緻糖	♕		低GI	♕

材料

總克數：415g
製作分量：1罐

＊蛋黃	2顆
＊白酒醋	30g
＊檸檬汁	15g
＊赤藻糖粉	30g
＊橄欖油	300g

小叮嚀： 醬料類保存不易，請少量製作，冷藏保存，一周內使用完畢。

作法

1 取一個容器，加入蛋黃、白酒醋、檸檬汁、赤藻糖粉，用調理棒攪拌均勻。

Tips 盛裝容器需有點高度，方便放入調理棒攪打。

2 分次加入橄欖油，用調理棒打至泛白濃稠即完成。

Tips 一定要分次緩慢加入橄欖油，一次倒入會造成油脂無法乳化喔！

SAUCE RECIPE

·42·

奶油乳酪核桃醬

奶油乳酪核桃醬，富有鹹甜滋味與堅果香氣，
在口中完美融合，搭配p.179的奶油吐司當抹醬，
或是加鮮奶油稀釋後可當生菜沙拉醬，當沾醬、或搭配甜點都很百搭。

每1湯匙（約15g）

淨碳水化合物	**0.5** g
碳水化合物	0.7 g
膳食纖維	0.3 g
蛋白質	1.3 g
脂肪	5.8 g
熱量	59.1 kcal

成分檢視			適合飲食法	
	無麩質	♛		低碳/低醣 ♛
	無乳製品			生酮 ♛
	無雞蛋	♛		根治 ♛
	無精緻糖	♛		低GI ♛

小叮嚀： 醬料類保存不易，請少量製作，冷藏保存，一周內使用完畢。

材料

總克數：260g
製作分量：1罐

* 奶油乳酪   150g
* 赤藻糖粉   30g
* 核桃醬   30g
* 碎核桃   50g

作法

1 將奶油乳酪用微波爐以中小火加熱，直到手指可輕易壓下的硬度。

2 將赤藻糖粉、核桃醬和奶油乳酪用手持打蛋器攪打均勻。

3 加入碎核桃繼續用手持打蛋器攪拌均勻即完成。

法式香草檸檬醬

酸甜的檸檬醬很適合沾著麵包吃，
也可以加到PXXX的巧克力塔皮中變身成檸檬塔，
單獨沾巧克力也很美味。

每1湯匙（約15g）

淨碳水化合物	0.4 g
碳水化合物	0.4 g
膳食纖維	0 g
蛋白質	0.6 g
脂肪	3.5 g
熱量	34.8 kcal

成分檢視	無麩質	♔	適合飲食法	低碳/低醣	♔
	無乳製品	♔		生酮	♔
	無雞蛋			根治	♔
	無精緻糖	♔		低GI	♔

小叮嚀： 醬料類保存不易，請少量製作，冷藏保存，一周內使用完畢。

材料

總克數：155g
製作分量：1罐

＊全蛋	1個
＊檸檬汁	40g
＊赤藻糖醇	25g
＊香草精	1小匙
＊無鹽奶油	40g

作法

1 取一個鋼盆，放入全蛋、檸檬汁、赤藻糖醇、香草精，用手持打蛋器攪拌均勻。

2 將步驟1的檸檬醬隔水加熱並持續以手持打蛋器攪拌，用溫度計測量，約75℃呈現濃稠狀即可熄火。

3 待降溫至40℃，加入奶油用手持打蛋器攪拌至奶油溶化即完成。

SAUCE RECIPE
· 44 ·

榛果巧克力醬

喜歡金莎巧克力的少女們，
一定要將這份巧克力醬備用在冰箱內，
沾著土司或搭配餅乾一起吃非常滿足。

每1湯匙（約15g）

淨碳水化合物	**1.5** g
碳水化合物	**2.2** g
膳食纖維	**0.7** g
蛋白質	**1.8** g
脂肪	**9.5** g
熱量	**99.7** kcal

成分檢視			適合飲食法	
	無麩質	♛	低碳/低醣	♛
	無乳製品	♛	生酮	♛
	無雞蛋	♛	根治	♛
	無精緻糖	♛	低GI	♛

小叮嚀： 醬料類保存不易，請少量製作，冷藏保存，一周內使用完畢。

材料

總克數：246g
製作分量：1罐

＊榛果	150g
＊無糖可可粉	30g
＊赤藻糖粉	60g
＊玫瑰鹽	適量
＊榛果油	60g

作法

1 將榛果放入烤箱，以上下火低溫100℃烘烤25分鐘。

2 將榛果放入打粉機打到細泥狀。

3 取一個鋼盆，將可可粉、赤藻糖粉與玫瑰鹽用打粉機混合均勻。

4 將步驟3的粉類與步驟2的榛果細泥用打粉機打勻。

5 將榛果油慢慢分次加入步驟4的材料中，用打粉機混合均勻即完成。

Tips 這道榛果巧克力醬，是用打粉機一機打到底，即可完成喔。

莓果醬

莓果醬的使用方式十分多元，
可沾取麵包或加入熱水中直接沖泡飲用，
體會搭配不同食材產現酸甜的千萬種滋味。
若你對蔓越莓和藍莓有不同的偏好程度，
可依個人喜好斟酌調整用量，
做出自己專屬的莓果醬。
醬料類保存不易，
建議一個禮拜內食用完畢。

每1湯匙（約15g）

淨碳水化合物	0.9 g
碳水化合物	1.1 g
膳食纖維	0.3 g
蛋白質	0.1 g
脂肪	0 g
熱量	4.4 kcal

成分檢視	無麩質	♔	適合飲食法	低碳/低醣	♔
	無乳製品	♔		生酮	♔
	無雞蛋	♔		根治	♔
	無精緻糖	♔		低GI	♔

小叮嚀： 醬料類保存不易，請少量製作，冷藏保存，一周內使用完畢。

材料

總克數：180g
製作分量：1罐

＊蔓越莓	80g
＊藍莓	50g
＊赤藻糖醇	30g
＊檸檬汁	20g
＊香草籽	5公分

作法

1　將玻璃瓶放入滾水中煮一會兒消毒除菌，取出後倒扣，讓瓶內水分完全晾乾。

2　將蔓越莓、藍莓、赤藻糖醇、檸檬汁和香草籽放入鍋中，以小火加熱，一邊攪拌，以免底部焦化。

3　煮到濃稠後關火。將莓果醬倒入放涼後的玻璃瓶內，蓋緊即完成。

2-1

2-2

HealthTree 健康樹　健康樹系列 125

珊珊護理師的低醣烘焙

餅乾、蛋糕、麵包，45 道網路人氣食譜

作　　　者	郭錦珊
攝　　　影	王正毅
總 編 輯	何玉美
主　　　編	紀欣怡
責任編輯	李睿薇
封面設計	比比司工作室
內文排版	比比司工作室

出版發行	采實文化事業股份有限公司
行銷企劃	陳佩宜・黃于庭・馮羿勳・蔡雨庭
業務發行	張世明・林踏欣・林坤蓉・王貞玉
國際版權	王俐雯・林冠妤
印務採購	曾玉霞
會計行政	王雅蕙・李韶婉
法律顧問	第一國際法律事務所　余淑杏律師
電子信箱	acme@acmebook.com.tw
采實官網	www.acmebook.com.tw
采實臉書	http://www.facebook.com/acmebook01

Ｉ Ｓ Ｂ Ｎ	978-986-507-009-0
定　　　價	380 元
初版一刷	2019 年 6 月
初版三刷	2021 年 4 月
劃撥帳號	50148859
劃撥戶名	采實文化事業有限公司
	104 台北市中山區南京東路二段 95 號 9 樓
	電話：（02）2511-9798
	傳真：（02）2571-3298

國家圖書館出版品預行編目（CIP）資料

珊珊護理師的低醣烘焙：餅乾、蛋糕、麵包，
45 道網路人氣食譜 / 郭錦珊作 . -- 初版 . --
臺北市：采實文化，2019.06
面；　公分 . --（健康樹系列；125）
ISBN 978-986-507-009-0（平裝）

1. 點心食譜

427.16　　　　　　　　　108005716

采實出版集團
ACME PUBLISHING GROUP